智能配电应用技术

国网辽宁省电力有限公司电力科学研究院
EPTC 电力技术协作平台   组编

田 野 甄 岩 主编

电子工业出版社·
Publishing House of Electronics Industry
北京·BEIJING

内 容 简 介

本书从行业实际需求出发，探讨了智能配电应用技术的发展形势与要求、现状、标准、类型等内容，通过翔实的数据资料、丰富的应用案例、深度的观察分析，对传统技术进行再探讨，对前沿技术进行新探索，推动形成一套可复制、可借鉴、可推广的技术创新成果与经验，力求为电力行业上下游企业及技术工作者搭建一个"协同创新、知识分享、成果推广"的平台。

本书适合能源及电力工业相关部门、科研机构、产业单位、服务部门的从业人员参考学习。

图书在版编目（CIP）数据

智能配电应用技术 / 国网辽宁省电力有限公司电力科学研究院，EPTC 电力技术协作平台组编；田野等主编 . —北京：电子工业出版社，2023.12

ISBN 978-7-121-47097-4

Ⅰ . ①智… Ⅱ . ①国… ② E… ③田… Ⅲ . ①智能控制—配电系统 Ⅳ . ① TM727

中国国家版本馆 CIP 数据核字（2023）第 251061 号

责任编辑：雷洪勤　　文字编辑：康　霞
印　　刷：北京七彩京通数码快印有限公司
装　　订：北京七彩京通数码快印有限公司
出版发行：电子工业出版社
　　　　　北京市海淀区万寿路 173 信箱　邮编：100036
开　　本：787×1092　1/16　印张：13.75　字数：352 千字
版　　次：2023 年 12 月第 1 版
印　　次：2023 年 12 月第 1 次印刷
定　　价：118.00 元

凡所购买电子工业出版社图书有缺损问题，请向购买书店调换。若书店售缺，请与本社发行部联系，联系及邮购电话：（010）88254888，88258888。

质量投诉请发邮件至 zlts@phei.com.cn，盗版侵权举报请发邮件至 dbqq@phei.com.cn。

本书咨询联系方式：leihq@phei.com.cn。

―――・ 本书编写组 ・―――

主　编：田　野　甄　岩

副主编：侯义明　朱义东　白晖峰　李洪全

―――・ 参编人员 ・―――

（排名不分先后）

张伟豪　丁　浩　于　泳　霍　超　李　擘　李　辉　陈　尚
刘日亮　边　凯　顾泰宇　李　振　李　治　张港红　高　建
林　栋　李　峰　王士君　薛庆刚　尚　磊　张　楠　范　维
洪　新　江红梅　陈　程　杜　砚　杨　军　李泽文　马汝括
路长宝　杜　涛　罗　翔　张振宇　陈建福　李建标　郑楚韬
张　晗　姚　旭　韩晓冬　马亚东　张　怡　奚鹏德　刘海龙
王　文　李培军　刘红文　刘志伟　赵　成　童　力　杨　烨
　　　　　　　高诗巧　唐君明　刘　凡

―――・ 组编单位 ・―――

国网辽宁省电力有限公司电力科学研究院

EPTC 电力技术协作平台

―――・ 主编单位 ・―――

北京智芯微电子科技有限公司

中能国研（北京）电力科学研究院

成员单位

前 言
PREFACE

随着经济的飞速发展，我国全社会用电量呈现逐年上升趋势，用户对电能质量的要求不断提高，电力市场规模持续扩大。一方面，在以煤炭为主的能源消费结构下，传统能源的大量开采和碳排放总量的连年升高，使得能源安全问题日益凸显。因此，构建清洁低碳、安全可控、灵活高效、智能友好、开放互动的新型电力系统，是降低传统化石能源占比、调整能源结构的一项关键任务，更是保障我国能源电力安全的长治久安之策。另一方面，我国电网建设加速，分布式新能源的大规模接入和用电负荷的多元化增长，使得电力稳定供应面临较大挑战，需要构建坚强智能电网，破解电力建设的难点堵点问题，缩小负荷曲线峰谷差，保持用电稳定。

构建新型电力系统，加快规划建设新型能源体系，对我国能源电力转型发展，实现"双碳"目标具有重要意义。要把配电网作为新型电力系统建设的着力点，持续优化完善配电网规划理论、建设标准和管理体系，不断提高配电网的适应性、可靠性，以及数字化、智能化水平，更好地支撑新能源的科学高效开发利用和多元负荷友好接入，并深度融合云计算、大数据、物联网、移动互联网、人工智能、区块链等新兴技术，利用先进的设备、传感技术及控制决策系统，保证配电网运行的稳定性和安全性。

智能配电网建设的目标是服务电网终端用户，智能配电网具备安全、可靠、自愈、经济、兼容等特点。加强智能配电软硬件设备的升级改造，促进智能配电网与物联网融合渗透，助推智能配电技术在配电网规划中得到重点应用，以及智能配电网建设效果得到有效提升，是智能配电技术发展的总趋势。

基于此，本书深入分析了智能配电技术的发展形势与要求，解读了智能配电技术发展现状，梳理了智能配电技术标准，围绕配电设备智能化、配电智能终端、配电物联网、配电自动化系统、智能运维、分布式电源与储能、电动汽车充换电、低压柔性直流互联等关键技术做了全面介绍与研究，总结了不同场景下的智能配电技术典型应用案例，展望了智能配电技术未来发展趋势，并提出相应发展建议。

最后，希望本书能够对促进配电行业发展和配电技术进步发挥积极作用，为电力用户、科研机构、产业单位和服务机构等提供有益参考。虽然在本书编写过程中征求了多方专家意见，但难免存在不足之处，请广大读者予以指正，并恳请读者提出宝贵意见。

编者

目　录
CONTENTS

第1章
智能配电技术发展形势与
要求分析

▌1.1　国外智能配电技术发展形势

目前，工业发达国家的配电网架相对完善，普遍配备了配电管理系统（Distribution Management System，DMS）和停电管理系统（Outage Management System，OMS）。近年来，高级量测体系（Advanced Metering Infrastructure，AMI）及先进配电自动化（Advanced Distribution Automation，ADA）等也得到广泛应用；分布式电源发展迅速且大多从配电网侧接入，成为智能配电网的重要组成部分；供给需求互动、用户参与的用电格局已经形成。一系列有关分布式电源接入、配电网主动规划、配电网状态估计、交直流配电网等智能配电技术已深入研究并进行工程实践。

欧洲配电网转型发展的关键驱动因素在于分布式电源及电动汽车、储能等负荷形式的显著变化。随着越来越多的分布式新能源发电和新型负荷接入配电网中，欧洲通过增加通信、传感和自动化功能，使得配电网运行灵活适应发电侧和需求侧的变化。

美国配电网的发展是信息技术革命的一种延伸，侧重于配电网与通信、信息技术的融合，借此改变人们的电能消费模式，使配电网成为各种新的服务模式实施的支撑平台。

加拿大自然资源部面向高比例分布式电源接入配电网，支持开展了主动配电网规划运行、分布式能源建模仿真、通信与分布式能源相关标准等一系列与智能配电系统相关的研究项目，Hydro-Quebec、Toronto Hydro 和 Hydro One 等电力企业亦开展了各具特点的智能配电系统实践。

日本配电网经过多年的建设和改造，设备智能化水平较高，其系统具有可靠性高、电能损耗低等特点。日本配电自动化技术已获得全面广泛的应用，并取得了非常好的应用效果。日本产业技术综合研究所也致力于智能配电系统中微电网技术、钠硫电池储能技术、负荷管理技术等的研究与应用。

新加坡配电网呈花瓣形网状结构，并列运行，配电自动化覆盖面广，配电网可靠性高，电网运行方式灵活，设备运行效率高。

▌▌1.2 国内智能配电技术发展形势

为了应对大规模分布式电源接入配电网的挑战、推动新型配电技术的发展，在智能电网的大背景下，智能配电网的概念被提出。智能配电网是能源互联网、数字化电网的重要组成部分，是配电技术与物联网技术深度融合产生的一种新型配电网络形态，上连输电主网，下连广大用户，汇聚了大量的分布式电源、储能装置、电动汽车等交互式源荷设施，是新型电力系统中重要的能源交互枢纽，对支撑能源生产的清洁替代和能源消费的电能替代具有重大意义。近年来，我国在智能配电领域的相关技术研究和工程实践已逐步开展，并取得一定突破。智能配电技术发展面临的问题可总结为如下四点：

1. 分布式新能源和储能接入导致供电多元化

2020年以来，围绕"双碳"目标，分布式发电、微电网和储能技术快速发展。风电、光伏、小水电、地热、生物质能等类型的分布式新能源和储能将会成为主力电源，实现发电侧低碳化甚至零碳化。《中国可再生能源发展报告2021》显示，截至2021年年底，中国全口径发电总装机容量为237 692万千瓦，同比增长7.9%。其中，可再生能源发电装机容量为106 394万千瓦，占全国全口径发电总装机容量的44.8%，同比增长14.4%。同时，可再生能源发电量也快速增长，截至2021年年底，中国全口径总发电量为83 768亿千瓦时，同比增长9.8%。其中，可再生能源发电量为24 864亿千瓦时，占全部发电量的29.7%，同比增长12.1%。2021年我国可再生能源装机及发电情况如图1-1所示。

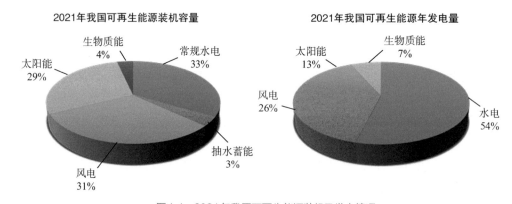

图1-1　2021年我国可再生能源装机及发电情况

数据来源：《中国可再生能源发展报告2021》。

分布式发电装置不仅能够基本满足配电网内负荷用电需求，而且具有构网能力，可实现对配电网电压频率的主动支撑与调节。微电网将会成为分布式新能源就地消纳的主要形式，多层级微电网（群）之间可实现灵活的功率互济与潮流优化，有效提升配电网运行的安全性、稳定性和经济性。储能技术通过对储能系统进行优化控制，来加强对间歇性分布式电源的接纳能力，从而提高配电网运行的灵活性与可靠性。

2. "源网荷储"互动场景复杂化

2021年2月，国家发展改革委和国家能源局联合印发了《关于推进电力源网荷储一体化和多能互补发展的指导意见》，明确指出要充分发挥源网荷储一体化和多能互补在保障能源安全中的作用，积极探索其实施路径。"源网荷储一体化"是一种可实现能源资源最大化利用的运行模式和技术，通过源源互补、源网协调、网荷互动、网储互动和源荷互动等多种交互形式，更经济、高效和安全地提高电力系统功率动态平衡能力。

目前，华东电力调控分中心建设了全国首套完整的源网荷储多元协调控制系统并进行资源响应示范应用，通过统一规范的平台系统实现了包括江苏同里综合能源体、电动汽车公司、用户侧储能、虚拟电厂、分布式/集中式风电光伏等在内的海量新能源的接入、聚合及展示。华北电网通过部署负荷调控平台，拓展源网荷储多元协调控制功能，陆续实现与3家聚合商（国网电动汽车服务有限公司、国网冀北综合能源服务有限公司和特来电新能源有限公司）共5个负荷主体（电动汽车、分布式储能、虚拟电厂、电采暖和V2G）的资源接入。

3. 交直流混合及新型电力电子装备规模化

随着电力电子变流技术的飞速发展，中低压直流配电技术快速兴起，有效精简了配电系统电能变换环节，增强了配电网潮流调控的灵活性，在配电网潮流精确调控、低压远供、海岛供电、异步联网等领域有广泛的应用前景。同时直流配电技术的快速发展，推动了建设基于电力电子变换器的交直流混合配电系统，既能充分发挥电力电子装置的快速响应特性，又能减少电能变换环节，可实现在源荷双端强不确定性条件下对配电网络快速、灵活、连续和精准的功率与电压调控。

目前，国内已落地多个交直流混合配电网示范项目，包括珠海唐家湾多端柔性交直流混合配电网示范项目、浙江海宁尖山主动配电网示范项目、苏州工业园区主动配电网示范项目等。同时上述示范项目在能量路由器、柔直换流阀、直流断路器、直流变压器等多类世界领先的柔直配电网核心装备自主研制方面取得了具有工程推广价值的成效。

近年来，电力电子变换装备以其在电能形式及其参数变换方面的灵活性，广泛应用于可再生能源发电、无功补偿、直流输电及负荷供电等电力系统"源—网—荷"主要环节，正深刻地改变着电力系统的动态行为。新型电力电子装备为配电网灵活性提升提供了新手段，其不仅能控制线路开通和关断，还能连续调节有功、无功潮流，减少分布式发电与储能装置并入配电网所需的电能变换环节，实现配电系统高效、绿色及可靠运行。

变频调速是配电系统中最早应用的电力电子技术，具有效率高、平滑性好、调速范围广、精度高等优点；静止无功发生器（Static Var Generator，SVG）是一种基于全控电力电子器件的无功补偿装备，可根据需要注入感性或容性无功电流，补充负荷消耗的无功功率，改善负荷功率因数；有源电力滤波器（Active Power Filter，APF）是一种用于动态无功补偿和谐波抑制的电力电子装备；智能软开关（Soft Open Point，SOP）能够调节各条馈线的功率分布；电能路由器是构建未来配电网的关键装备，它以电能为主要控制对象，能控制不同电气参数电能之间的灵活变换、传递和路由功能，并实现电气物理系统与信息系统的融合。在配电网中接入新型电力电子装备，是智能配电系统运行优化控制的重要手段，也是构建交直流混合配电系统的关键。

4. 融合数字信息化

"双碳"背景下，智能配电系统包含分布式电源、储能装置、充电桩等大量非电网资产。随着透明配电网、增量配电网、能源互联网、微电网（群）等新业态的出现，配电系统存在与交通网、天然气网等非电网在多时空状态下的耦合。一方面，数字信息化技术的应用使得大量电网和非电网资产统一化管理成为现实；另一方面，一二次融合装备、基于边缘计算的智能终端装备将改变传统配电网DTU、FTU、TTU等远程终端的形态和功能。随着配电网高级量测体系的不断建设，智能配电系统已积累了来自用户侧、智能终端和配电网的海量异构数据，结合多源非电气数据，基于云计算、大数据、物联网、人工智能等技术，可开展配电网态势感知、用户特征挖掘、分布式电源出力预测及负荷预测等工作。同时，随着电力物联网、能源互联网及数字电网的快速建设，智能配电通信技术势必得到充分发展和应用，以实现电力系统发、输、变、配、用各个环节的万物互联、人机交互，打造出状态全面感知、信息高效处理、应用便捷灵活的电力物联网。

基于以上四点智能配电技术发展面临的问题，目前，智能配电技术只有实现智能化、数字化才能完成新型电力系统的建设，从而实现新型能源体系建设的宏伟目标。

▌1.3 国内智能配电技术发展要求

2021年全球可再生能源持续快速增长，中国可再生能源也进入大规模、高比例、市场化、高质量的发展阶段。在"双碳"背景下，可再生能源装机规模不断扩大，配电系统源、网、荷及管理等方面显著变化。在新特征下，智能配电技术将重点围绕电力电量平衡、动态稳定、数据资产管理三方面展开深入研究。

1）实现电力电量平衡：解决源荷不确定性导致峰谷差增大、网损增加、资产利用率降低的问题

一方面，新能源分布式发电装置的大量接入造成电源侧的不确定性，给系统制订日前调度计划带来困难；另一方面，大量电动汽车的无序、随机充电带来负荷的不确定性，虽然定制电力、需求侧响应、虚拟电厂等新型供用电模式的出现，给用户主动参与配电管理提供了可能，但是用户响应受到环境、心理、市场规则等多方面因素影响，加之用户响应的时滞性不可避免，从而导致负荷侧的不确定性愈发复杂。发电侧与负荷侧的双重不确定性加剧了配电系统峰谷差问题，新能源发电装置（极端情况下）出力的反调峰特性和负荷的随机性严重制约了配电系统新能源消纳能力，从而降低了配电系统运行的经济性。

2）解决动态稳定问题：应对电力电子装备规模化接入、微电网（群）大量形成带来的复杂稳定特征和电能质量恶化问题

（1）复杂动态稳定问题凸显。电力电子装备动态响应快、调节精度高，为解决配电网运行控制带来新手段，但低惯性变流设备缺乏对系统惯性的支撑；电力电子装备采用多时间尺度级联控制结构，装备内部及装备间的多时间尺度控制相互作用复杂。上述原因导致配电网存在复杂动态稳定问题。配电网网架结构、线路特征、负荷特征等迥异于输电网，动态稳定问题也将表现出与大电网不同的特征。

（2）供电电能质量下降问题突出。大量电力电子装备的接入，使得配电系统谐波源呈现高密度、分散化、全网化趋势，从而影响供电质量。此外，电力电子装备对电网故障、电压闪变等的影响机理尚未明晰。

3）高效管理数据资产：实现数据和多业务形态融合，保障信息安全

资产数字化和装备智能化趋势推动配电网转型，同时引发配电网的新问题。一方面，在资产数字化和装备智能化趋势下，新型配电系统数据呈现多来源、多模态的特点，发电、配电、用电等电气量信息、天气信息、社会信息为电网设备的管理提供数据支撑，为智能算法和决策提供数据支撑，但多源数据融合是新型配电系统数字化和智能化须解决的首要问题。另一方面，装备智能化趋势下，信息安全及行为安全也是需要重点关注的问题。

第2章
智能配电技术发展现状

‖2.1 智能配电技术发展历程

  智能配电技术是以配电线路、配电变压器、开关及相关设备为基础，在高速双向通信网络和先进数字化技术的基础上，将传感测量、高级量测、通信、信息化、控制、设备互动、决策支持、计算机等技术与智能配电网高度集成而形成的综合应用技术。我国智能配电技术大致划分为如下四个阶段。

  第一阶段：自动化阶段。中国配电自动化与国外相比起步较晚，20世纪80年代，中国开始配电自动化的技术研究与建设探索。1981年，北京供电局通过安装2台国产分段器及5台美国生产的自动分段器，检验了故障区间自动隔离功能，这是中国配电自动化的首次尝试。

  第二阶段：信息化阶段。随着配电自动化技术的发展，20世纪90年代末，借助首次城市电网改造的契机，中国各地的供电企业陆续开展配电自动化试点建设。国家电力公司结合多地试点的建设经验，编制了相关指导文件和技术标准，指导配电自动化规范化建设。这一阶段，中国配电自动化试点建设取得了较好的成绩，积累了丰富经验，但配电自动化技术仍处于探索阶段。

  第三阶段：数字化阶段。加快配电自动化实用化研究与实践是配电建设发展的必然趋势，随着21世纪中国经济社会的快速发展，供电负荷迅猛增长，对提高配电自动化实用化水平的需求越来越强烈，电力行业进行过大量探索，但由于配电网网架结构变化过快、配电设备质量较差及配电自动化技术不成熟等原因，不适宜再开展大规模配电自动化建设，造成配电自动化实施整体处于停滞状态。为推动配电自动化实用化的发展，国家电网和南方电网公司进行了实用型配电自动化建设模式的研究，建设了小范围的试点工程，编制了多个相关指导性文件及标准，为后期智能配电网建设奠定了基础。

  第四阶段：智能化阶段。在能源需求不断增长、新技术不断发展融合、环保呼声日益高涨的今天，智能配电技术成为未来配电网建设与发展的必然要求，也成为世界各国应对未来挑战的共同选择。尤其在新型电力系统驱动下，智能配电技术将综合应用云计算、人工智能、大数据挖掘等技术推动智能配电向智能化发展。以新型电力系统建设任务为驱动，统筹电源和负荷协调发展，应用多能转换、智能控制、信息融合等技术，向友好互动的智能配电网发展；以智能电表为载体，综合应用云计算、人工智能、大数据挖掘等技术，建设智能计量系统，打造智能服务平台，全面支撑用户信息互动、分布式电源接入、电动汽车充放电等业务，从而实现与电网的协调互动。

2.2 智能配电技术的范围

随着"双碳"目标的提出，智能配电系统呈现安全可靠、绿色高效、灵活互动的技术特征，而高比例分布式电源及海量电力电子装备的接入给配电网带来了许多新的复杂问题，因此亟须针对新形态、新问题深入开展相关研究。本节围绕十大智能配电关键技术，简单介绍智能配电技术的范围。智能配电关键技术如图2-1所示。

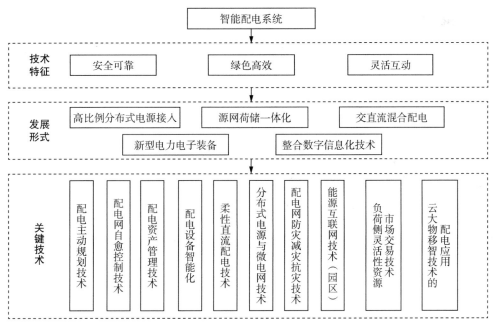

图2-1 智能配电关键技术

2.2.1 配电主动规划技术

与现有配电网对分布式电源的被动接受不同，主动配电系统可以通过对分布式能源、储能装置、可控负荷等分布式资源采取优化控制、改变网络拓扑、控制网内潮流、需求侧响应等手段，实现分布式能源的优化运行，减小分布式电源大量并网对电网造成的冲击，实现可再生能源的充分利用和碳排放的最小化。根据规划对象和目标的不同，配电主动规划技术又可分为中低压协同规划技术、"源网荷储"规划技术、多能互补规划技术、一二次协同规划技术和智慧城市规划技术等。

2.2.2 配电网自愈控制技术

自愈作为智能配电网的重要功能之一，其首要目的是减小甚至避免故障对系统的影响，保证电网安全稳定运行，其最终目标是为用户提供理想的电力服务，从而提高系统的安全性、可靠性和用户的满意度。配电网态势感知技术通过态势觉察、理解、预测三个阶段，实现配电网、环境和设备当前状态和趋势的可观、可控和可测，适时协同地辨识风险并解决问题，保障新能源消纳和系统经济可靠运行。在态势觉察阶段，基于PMU优化配置和高级量测体系构建等技术实现配电网运行状态的实时在线监测；在态势理解阶段，利用含分布式电源的配电三相状态估计、不确定性潮流等技术实现配电网分析与评估；在态势预测阶段，通过开展分布式电源出力预测、负荷分层分级预测等，实现对配电网运行态势的预测。此外，充分利用接入配电网的灵活性资源，研究分布式电源/微电网/柔性负荷与配电网协调控制技术，从而提高配电网的供电可靠性与运行灵活性。

2.2.3 配电资产管理技术

配电网中接入的新型配电设备越来越多，如何有效管理、高效利用各类设备成为新难题。重点包括以下几方面：研究多样化配电设备的资产全生命周期管理技术，实现从标准、品控、运维、事故分析到退役的全生命周期量化评估；研究配电装备状态监测、评估和检修技术，利用红外摄像、无人机、机器人等技术实现智能巡检和配电不停电作业；深入挖掘环保气体、植物绝缘油等新材料新技术在智能配电网中的应用。

2.2.4 配电设备智能化

智能电力设备基于对自身的智能感知、状态分析与健康管理而具备自主思维能力，具体实现方法是在电力设备本体上配置嵌入式传感器与AI模块，完成本体信息采集、就近计算与信息交互，使电力设备本身具备"智慧"功能。一二次融合智能配电开关是当前研究的一个重点，主要朝着集成化、标准化和智能化方向发展，其中，一二次融合柱上开关在结构、功能方面融合程度较深，主要在取能、低功耗和监测方面开展研究，而一二次融合开关柜主要以结构设计、功能集成与传感监测方面的优化为主。智能电力设备的运算能力主要体现在基于传感数据进行故障预测、诊断及状态评估，目前，已有学者提出实现相关功能的算法，如何实现算法轻量化并将其应用于边缘计算是值得关注的问题。

2.2.5 柔性直流配电技术

柔性直流配电技术具有减小线路损耗、改善用户侧电能质量、提高供电容量、隔离故障区域，以及可再生能源及储能装置便捷、灵活接入等优点。由于柔性直流配电网的供电容量大（供电半径），相同的线路走廊，直流配电网可输送更多容量，对于双极结构的直流配电网，其传输功率与原交流线路大致相等，即在线路走廊宽度和建造费用相同的情况下，直流线路所能传输的功率约为交流线路的1.05倍；柔性直流配电网的电能质量高于交流配电网，另外，相对于交流配电网，分布式储能设备接入直流配电网的技术难度相对较小；直流配电网的可靠性高，若直流配电网采用双极系统，则当其中一极发生故障时，另一极可继续为负荷输送功率，与交流配电网相比，直流配电网中接入蓄电池、超级电容等储能设备的技术难度相对较小。

柔性直流配电技术为提升新型配电系统运行的经济性、灵活性、可靠性及电能质量提供了可行方案。柔性直流配电技术运用场景多样：

（1）以直流配用电网为骨干的能源互联网络。实现多种能源类型的优化互补，支撑从生产到消费的全方位、全时段覆盖，呈现多元化、综合性的互联网服务业态。

（2）以直流配用电网为骨干的局域综合能源网络。基于柔性电网技术的新型混合配电网，支持新能源、储能接入及能量双向互动。

（3）基于直流电网的中压柔性互联。

（4）基于直流配用电的数据中心供能系统。数据中心采用直流配用电将节省大量的换流环节，有效降低配用电损耗；同时，通过优化网络结构，直流配用电系统将会在数据中心节能降耗方面发挥巨大作用。

（5）新能源发电直流接入。使用直流技术汇集电能可以有效简化海上风电场从发电到并网的整个过程，避免对电能进行多次整流、逆变和升压，从而减少系统投资、降低损耗。

（6）基于直流配用电的智能楼宇。从楼宇用电负荷和供电源的发展趋势可以看出它们表现出的直流特性日趋明显，这就迫使人们重新衡量楼宇供电方式和它的发展方向。

柔性直流配电技术仍处于起步阶段，在实际应用中仍有问题待进一步研发解决，例如，根据城市发展规划和资源特点如何利用好柔性直流配电网的技术优势、如何保证整个系统的稳定运行、柔性直流配电网的运行方式如何进一步细化等。柔性直流配电技术的发展必将为技术革新和效益提升带来新的思路和理念，为配电网技术发展提供强有力的技术支撑。

2.2.6 分布式电源与微电网技术

分布式电源包括接入110 kV以下电压等级配电网的分散式风力发电系统和分布式光伏发电及储能系统。其基本内涵是要求分布式新能源发电和储能系统可以灵活构建离、并网型区域微电网为负荷供电，同时，区域多个微电网（群）间能量可灵活互动、协同运行，构建新型配电系统安全高效的运行体系。为了有效解决分布式电源并网带来的电能质量及分布式电源出力随机性、波动性问题，使分布式电源（在配电系统内）成为具有主动支撑能力的构网主力电源，需要明确分布式电源并网标准，研究出力预测技术为分布式电源参与调频调压提供基础，研究分布式新能源集群控制技术以保证可再生能源大规模接入背景下配电系统安全、稳定、经济运行。为解决新型配电系统不同时间尺度内功率不平衡导致的静态问题和动态问题，分布式储能技术提供了可行方案，主要包括储能调峰调频技术及稳定性与电能质量增强技术等。

微电网作为配电系统中一个相对独立的自治区域，可以高效集成多种分布式新能源发电装置与多元负荷，实现新能源的就地生产和消纳。从微电网层面内考虑各种分布式资源的协同控制，将微电网对外等效为电压/电流源，可降低配电系统频率、电压稳定性控制的复杂度；从微电网群层面考虑功率互济与调度优化，可利用不同区域内新能源及负荷互补特性解决分布式电源出力波动、峰谷差等经济调度问题。其中，新能源微电网频率和电压动态稳定技术，以及微电网群管群控技术是目前微电网技术研究的热点。

2.2.7 配电网防灾减灾抗灾技术

电网运维数据表明，电网故障的主要原因已由电气设备制造工艺水平、现场运行维护水平等因素转向雷电、山火、大风、冰灾等自然气象因素，电网防灾减灾应重点关注气象致灾。面向自然灾害、人为破坏、"源网荷"突变等场景，开展灾害预警技术的研究；从配电网网架结构、运行可靠性、系统可用资源等方面出发，开展灾害评估技术的研究。此外，为了最大限度地保障配电资产的安全，开展如抗风防雷、网架增强等配电系统抗灾能力提升技术的研究也十分重要。

2.2.8 能源互联网技术（园区）

能源互联网作为智能电网的高级发展阶段，是构建新型电力系统、实施能源发展战略转型的必然选择。能源互联网是以电为中心，以坚强智能电网为基础平台，将先进信息通信技术、控制技术与先进能源技术深度融合应用，支撑能源电力清洁低碳转型、能源综合利用效率优化和多元主体灵活便捷接入，具有清洁低碳、安全可靠、泛在互联、高效互动、智能开发等特征的智慧能源系统。

能源互联网分为跨洲、跨国、跨省的广域能源互联网和城市级、园区级的地域型能源互联网。广域能源互联网的建设目标是将广泛地理区域内的碎片化能源整合聚集成以电、热、气为主要能量载体的能量供用整体，主要侧重于大规模远距离的可再生能源传输，可实现广域资源综合利用；而地域型能源互联网侧重于区域间多能源系统的耦合。其中，园区级能源互联网属于最小单位的能源互联网，可以是实现本地能量供需平衡的独立可控系统。与广域能源互联网相比，地域型能源互联网有其鲜明的特征：

（1）本地性。园区级能源互联网的能量产生和使用以就地消纳为主，可明显降低能量输送环节的初始投资和传输过程中的损耗，有较强的跟踪负荷波动的能力。

（2）结构多样性。多元源荷与电力电子技术的发展和应用，使其结构更具多样性。

（3）运行方式灵活。包含孤岛和并网两种运行模式，可根据外部网络状态和内部能源供给情况合理选择运行模式。

（4）整体可控。成熟的园区型能源互联网能量管理系统具备源荷预测、经济调度及实时优化的功能，可保证整体经济稳定运行，有限数量的设备也方便实现整体和全局控制。

（5）能量精确化管理。基于海量数据和数据挖掘、云计算等工具优化自身能耗、污染物排放，探索节能解决方案，实现园区内能量的精确化管理。

（6）双边服务。对电网侧，可实现电源支撑移峰填谷、改善电能质量、调压、调频等辅助服务；对用户侧，针对用户特征可为其定制个性化的能源利用方式并提供节能服务。

园区级能源互联网通过应用先进的新能源发电技术和电、气、热、冷等多能源灵活转换网络实现多能互补，并利用先进的能量管理技术和通信网络协调优化源—网—荷—储之间的能量流和信息流。园区级能源组织形式向上能为电网提供支撑和辅助服务，向下能刺激用户主动参与能量调控，建立园区级能源互联网实现公用能源网—园区能源网—用户集群/个体多层级的联合优化，对促进新能源的消纳和网络的高效、安全运行意义重大。

2.2.9 负荷侧灵活性资源市场交易技术

通过各种激励方式引导多元主体参与电力市场交易是推进源荷互动的重要手段，其具体技术形式包括需求侧响应和虚拟电厂。目前，相关研究集中在利用价格激励机制激发用户参与响应的积极性。负荷侧的响应意愿和参与程度确实是源荷双侧高效互动的关键一环，但是仅依靠负荷侧的积极响应并不能充分发挥源荷互动潜力，实现削峰填谷。为了充分挖掘并调动系统中的可调资源，一系列关于"源网荷"整体态势感知、响应能力实时量化评估、响应策略从群体落实到个体、"源网荷"协调控制技术、负荷多时间尺度特性等方面的研究不断开展，为基于需求侧响应的系统动态功率平衡技术的发展提供了思路。此外，电动汽车有序充电和车网互动技术也将是负荷侧灵活性资源市场交易的一个重要研究方向。

2.2.10 云大物移智技术的配电应用

随着配电技术和新一代信息通信技术的深入融合，云计算、大数据、物联网、移动互联网、人工智能技术在智能配电网中广泛应用。亟须研究新型配电系统"源网荷储"跨域互动的数字孪生虚实映射机制、面向全景可观的新型配电系统电场/声场/温度多物理场成像与跨模态融合技术、新型配电系统数字孪生通用模型架构与范式技术等，解决新型配电系统"源网荷储"高度互动和能量/数字深度融合所带来的可测可观可控难题；还要研究配电网与物联网深度融合的配电物联平台技术，构建基于设备状态感知、软件定义服务、分布式智能协作的数字化配电系统运行模式，依托灵活支持各种配电网服务的企业业务中台，实现数据、服务、功能应用解耦，打破多源数据融合的壁垒，有效提升配电网运行的灵活性。

2.3 智能配电技术发展中的难点

我国智能配电技术正处于快速发展阶段，是目前配电领域最活跃、最具潜力的领域，同时也是基础最薄弱、最需要持续投入的领域。随着运行经验的不断积累，技术也得到不断优化提升，今后为了满足用户对供电可靠性、电能质量及优质服务的要求，实现分布式电源、集中与分布式储能装置的友好接入，需要依靠新技术、新装备，重点对配电网逐步进行升级换代，并最大限度地发挥现有配电系统的价值和效率。

2.3.1 应用推广

1. 配电网存量大，升级转型缓慢

我国配电网覆盖面积大、设备规模总量大，发展变化速度快，发展不平衡不充分，量测覆盖率不足，设施设备标准化程度不高，配电网一线运维管理人员与配电网增速不匹配。现有监测管控手段和资源配置能力不足，无法满足配电网快速变化的需求。例如，配电自动化系统已经实现了全面覆盖，但由于优化网架结构需要大量的资金投入，导致很多网架结构还不满足转供或隔离要求，致使无法完全实现配电自动化系统的优势。

2. 新型配电系统发展快，新技术有待验证

随着新型电力系统发展战略的提出，分布式新能源、储能装置、充电桩的大规模接入，将给现有配电网带来巨大的冲击。传统与现有的新技术将面临无法适应新型配电系统的挑战，同时，最新研发的基于新型配电系统运行场景的各类新技术，也缺乏实际运行工况的验证与考核。

2.3.2 产业生态

1. 核心芯片国产化率低

目前在传感芯片、存储芯片、数模转换器、485接口、PHY芯片、电源芯片等方向，仍然以国外产品为主，国产化率较低，亟须提升国产化芯片的覆盖率，全面实现配电网装备核心芯片国产化。

2. 数字化水平仍需进一步提高

设备监控能力需进一步完善，配电站（房）消防、动力环境、网关等辅助设备的信息实时监控未能实现规模化接入，设备监控信息接入仍需加速研发。配电自动化水平需进一步提升，配电自动化设备尚未取得完善资质及报告。装备智能化水平需进一步提高，装备研究程度不够深入，在人工智能、数字孪生、电力电子技术等方面还有较大提升空间。

3. 设备厂家繁多，产品质量良莠不齐

配电网设备厂家繁多，产品质量良莠不齐，标准化实现难度较大，实现功能一致性

比较困难，在一定程度上给运维带来困难。现在的市场，不再只是企业之间竞争，更是产业融合的较量，随着各种企业不断跨界联合，形成各自的商业生态模式，打造多方共赢的生态圈成为超越竞争的更高商业模式，并且已经成为各种企业在未来市场中的发展目标。行业低价竞争激烈，厂家为生存只能一再降低成本，导致产品仅仅只是满足最低门槛，而非真正保持技术创新或领先。同样，产品的价值与价格之间的评价标准体系不够健全，不利于电网企业及生产制造企业的良性发展。

2.3.3 技术标准

1. 建设智能配电技术标准体系

现有智能配电技术标准发展难以满足配电网新技术发展要求，为了更好地支撑智能配电技术创新需求，依据标准先行的原则，亟须开展标准体系研究，制定标准体系路线图，支撑和服务智能配电技术创新发展。

通过梳理、完善智能配电技术标准体系，识别智能配电领域关键标准制定（修订）需求，不仅可提升智能配电技术关键标准的适用性，加快标准化工作进度，支撑标准的推广应用，引导标准化工作有序开展，还可有效保证配电网与电力系统、电力用户的互操作性，为参与新型电力系统建设的设备制造商、系统集成商、配电网建设单位提供技术指导，推动智能配电技术产业化、规模化发展。

同时，智能配电技术标准的发展需紧跟业务需求与技术发展，不断进行体系的优化、完善、更新和维护，持续提升标准的技术水平、创新能力和国际化程度，重点研制基础共性和核心关键技术标准，充分发挥标准对产业发展的支撑和引领作用。

2. 明确智能配电技术标准研制方向

互联互通等通信方面的标准制定存在疏漏，扩展性受限，导致各厂家间不能无缝连接，现场联调工作量大，标准制定存在个别厂家引导的倾向性，不利于技术发展。

标准制定的可检测性不足，有相当部分技术指标在检测过程中难以实现，或实现过于复杂，成本高。部分要求在产品实际应用中用处不大，只是为了可检测性而额外提出的要求。

智能配电技术标准的确立严重依赖于技术演进路径，先到者在很大程度上对于后来者提出的技术方向会构成阻碍。同时，为了及时规范产品，部分标准规范在产品试点上市初期，甚至未开发时即展开标准制定，虽然对标准化有积极推动作用，但也限制了产品的自我进化发展，限制了技术进步与创新。此外，由于标准制定存在滞后性，当前技术标准版本更新周期较长，标准的同期版本明显落后于技术演进速度，造成标准不能适应新技术、新产品的矛盾也逐渐变得突出。

第3章
智能配电技术标准

▌3.1　智能配电技术标准体系

3.1.1　概述

智能配电与物联网是传统电力工业技术与物联网技术深度融合产生的一种新型电力网络运行形态，具体地，就是通过赋予配电网设备灵敏、准确的感知能力及设备间互联、互通、互操作的功能，构建基于软件定义的高度灵活和分布式智能协作的配电网络体系，实现对配电网的全面感知、数据融合和智能应用，满足配电网精益化管理需求。

智能配电与物联网的建设发展，使配电网的形态、功能定位发生了改变，现有的智能配电应用技术标准难以满足技术发展要求。为了更好地支撑智能配电应用技术创新需求，亟须开展标准体系研究，制定标准体系路线图，支撑和服务智能配电与物联网创新发展。

梳理、完善智能配电与物联网领域技术标准体系，识别关键标准制修订需求，不仅可提升关键标准的适用性，加快标准化工作进度，支撑标准的推广应用，引导标准化工作有序开展，还可有效保证智能配电与物联网与电力系统、电力用户的互操作性，为参与智能配电与物联网建设的设备/器件制造商、系统集成商、配电网建设单位提供技术指导，保证智能配电与物联网建设的质量与进度，促进产业规模化发展。

与智能配电和物联网密切相关的标准化技术委员会标准体系现状如下所述。

3.1.1.1　国际标准组织

1. IEC/TC 8 SC8B（分布式电力能源系统分技术委员会）

IEC/TC 8 SC8B主要负责组织制定包括分布式能源、虚拟电厂、多能互补系统、非传统配电网在内的交流、直流及交直流混合分布式电力能源系统在建模仿真、规划设计、运行控制、试验检测及保护等方面的IEC标准，以及与相关技术委员会的沟通和协作。

目前下设五个工作组，如表3-1所示。

表3-1　IEC/TC 8 SC8B已有工作组名称

工作组	名称
WG1	微电网的总体规划、设计、运行和控制
WG3	能源管理系统
WG4	虚拟发电厂
WG5	直流和混合配电系统
ahG2	分布式电力能源系统路线图特别工作组

截至2021年3月，该分技术委员会共发布国际标准3项，分别为IEC TS 62898-1：2017《微电网—第1部分：微电网项目规划和规范指南》、IEC TS 62898-2：2018《微电网—第2部分：操作指南》、IEC TS 62898-3-1：2020《微电网—第3-1部分：技术要求—保护和动态控制》，正在编制的标准9项，如表3-2所示。

表3-2　IEC/TC 8 SC8B目前正在编制的标准

标准编号	标准名称
PWI TR 8B-1	分散的电力系统路线图
IEC TS 62898-3-2 ED1	微电网—第3-2部分：技术要求—能源管理系统
IEC TS 62898-3-3 ED1	微电网—第3-3部分：技术要求—可调度负载的自我调节
IEC TS 62898-3-4 ED1	微电网—技术要求—监控和控制系统
IEC TR 62898-4 ED1	微电网—第4部分—使用案例
IEC TS 63189-1 ED1	虚拟发电厂—第1部分：架构和功能要求
IEC TS 63189-2 ED1	虚拟发电厂—第2部分：使用案例
IEC TS 63276 ED1	分布式代分配电网络托管容量评估指南
IEC TS 63354 ED1	分散直流分配系统规划设计指南

2. IEC/TC 57（电力系统管理及其信息交换技术委员会）

IEC/TC 57下设WG3（电控协议）、WG10（电力系统IED通信及数据模型）、WG13（能源管理系统应用程序接口：EMS-API）、WG14（配电管理系统接口）、WG15（数据和通信安全）、WG16（解除管制下的能源市场通信）、WG17（微电网、分布式能源和配电自动化的IED通信和相关数据模型）、WG18（水电站的监控通信）、WG19（TC57内长期互操作）、WG20（电力线载波规划：IEC 60495和IEC 60663）、W21（与连接到电网的系统相关的接口和协议配置文件）等工作组。

IEC确定的智能电网核心标准大多由TC57负责制定，如IEC 61968、IEC 61970、IEC 62325、IEC 62351、IEC 61850系列标准，这些标准为保证智能电网互操作奠定了基础。

3. IEC/TC 120（电力储能系统技术委员会）

IEC/TC 120负责并网电力储能系统领域的标准化工作。目前IEC/TC 120已经成立5个工作组，包含储能术语工作组、单位参数和测试方法工作组、规划和安装工作组、环境问题工作组、安全事项工作组。IEC/TC 120的国内技术对口单位为全国电力储能标准化技术委员会，目前已发布IEC 62933系列标准。

4. ISO/IEC JTC1（国际标准化组织/国际电工委员会的第一联合技术委员会）

ISO/IEC JTC1成立了若干分委员会，负责云计算、物联网、人工智能、大数据方面的标准研究和制定，包括SC24（计算机图形图像）、SC27（信息技术的安全性）、SC35（用户接口）、SC38（云计算）、SC40（信息技术治理）、SC41（物联网和数字孪生）、SC42（人工智能）。其中，大数据工作组包含在SC42中。这些分委员会成立时间不久，目前主要开展系统层面（如术语、架构和用例）标准研究。

3.1.1.2 国内标准组织

1. SAC/TC 82（全国电力系统管理及其信息交换标准化技术委员会）

SAC/TC 82主要负责全国电力系统管理及其信息交换等专业领域标准化工作，下设变电站、配电网、电网调度控制、数据与信息安全、调度计划与电力市场、电力系统动态监测、电力通信技术、战略协调8个专业工作组，对口IEC/TC 57，其中，变电站工作组对口WG3、WG10、WG17、WG18；配电网工作组对口WG14、WG17；电网调度控制工作组对口WG13；数据与信息安全工作组对口WG15；调度计划与电力市场工作组对口WG16；电力通信技术工作组对口WG20；战略协调工作组对口WG19、WG21。秘书处挂靠在国网电力科学研究院。

电力系统管理及其信息交换标准体系主要包括变电站自动化、配电网自动化、调度自动化、调度计划与电力市场、广域测量、电力物联网、电力通信、用电自动化、电网与用户接口、数据与信息安全、互操作、测试验证等方面的标准，如图3-1所示。

图3-1　电力系统管理及其信息交换标准体系

2. SAC/TC 550（全国电力储能标准化技术委员会）

SAC/TC 550主要负责电力储能技术领域国家标准制定（修订）工作，对口IEC/TC 120，秘书处设在中国电力科学研究院有限公司（简称中国电科院）。

电力储能标准体系包括基础通用、规划设计、施工验收、运行维护、检修、设备及试验、安全、技术管理等方面的标准，如图3-2所示。

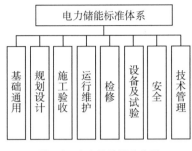

图3-2　电力储能标准体系

3. SAC/TC 575

SAC/TC 575主要负责电力需求侧管理基础、需求侧设备与系统、需求侧节能与能效管理、需求侧互动与市场交易（不包含用户用电策略管理）等方面的国家标准制定（修订）工作。秘书处挂靠在南方电网科学研究院。

全国电力需求侧管理标准化技术委员会标准体系如图3-3所示。

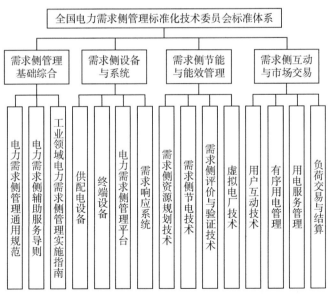

图3-3　全国电力需求侧管理标准化技术委员会标准体系

4. DL/TC 02（电力行业电力变压器标准化技术委员会）

DL/TC 02主要负责归口管理电力变压器、电抗器、互感器和消弧线圈等设备的技术条件、运行、安装、试验方面的标准化工作。秘书处设在中国电力科学研究院有限公司。

电力变压器标准体系包括变压器，电抗器，互感器，组部件、原材料及配套设备，消弧线圈及配电设备等方面的标准化，如图3-4所示。

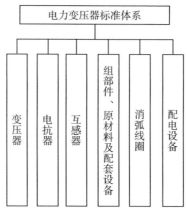

图3-4 电力变压器标准体系

5. DL/TC 27（电力行业信息标准化技术委员会）

DL/TC 27主要负责电力信息技术领域行业标准，以及信息编码、信息技术在电力工业中的应用标准等，下设信息资源规划设备、信息应用系统、信息运行维护、网络安全、电力通信、电力地理信息、电力北斗、电力物联网、能源互联网信息通信、电力大数据、电力遥感气象共11个专业工作组。秘书处挂靠在中国电力科学研究院有限公司。

电力行业信息标准化技术委员会标准体系主要包括12个技术领域，分别为信息通信基础通用、信息资源规划设备、信息应用系统、信息运行维护、网络安全、电力通信、电力地理信息、电力北斗、电力物联网、能源互联网信息通信、电力大数据、电力遥感气象，如图3-5所示。

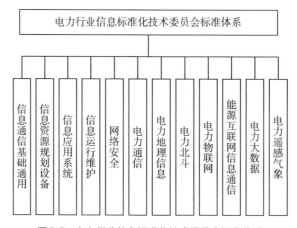

图3-5 电力行业信息标准化技术委员会标准体系

6. DL/TC 30（电力行业农村电气化标准化技术委员会）

DL/TC 30主要负责农村电气化、农村电气化规划、供用电及安全、农业用电设备和风电、太阳能发电等方面的标准化工作。秘书处挂靠于中国电力科学研究院有限公司。

电力行业农村电气化标准体系主要包括农村电网建设与改造、农村电网运行与控制、农村电网安全与检修三个领域，如图3-6所示。

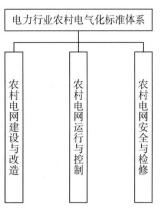

图3-6　电力行业农村电气化标准体系

7. NEA/TC 3（能源行业电动汽车充电设施标准化技术委员会）

NEA/TC 3主要负责研究电动汽车充电设施标准的体系建设、标准制定（修订）及储能装置在电动汽车上的应用等标准化工作。秘书处设在中国电力企业联合会标准化管理中心。下设无线充电工作组、大功率充电工作组、充电设施检测工作组、信息安全工作组、换电设施标准工作组、特种车辆充电设施标准工作组。

电动汽车充电设施标准体系划分为基础标准、电能补给标准、服务网络标准、建设与运行标准，如图3-7所示。

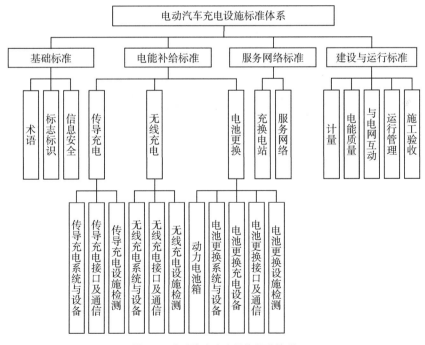

图3-7　电动汽车充电设施标准体系

8. NEA/TC 35（能源行业电力机器人标准化技术委员会）

NEA/TC 35主要负责电力机器人标准体系统筹管理、基础通用、关键部件、产品类、检验检测类、报废回收等领域的标准化工作。秘书处设在国网山东省电力公司。

电力机器人标准体系划分为基础通用标准、模块及部件标准、系统及应用标准三大部分，如图3-8所示。

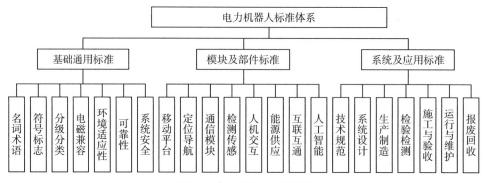

图3-8 电力机器人标准体系

9. NEA/TC 42（能源行业配网系统标准化技术委员会）

NEA/TC 42主要负责能源行业配电网系统技术标准化工作，围绕配电网发展的标准化需求，开展基础通用、规划与设计（侧重于技术部分）、施工与验收、运行与维护、配电自动化系统与智能化（系统接口与通信技术除外）等方面标准和规范的制定（修订），构建配电技术标准化体系，为配电网的规划、建设、运维及管理的规范化和标准化提供支撑。秘书处挂靠在中国电力科学研究院有限公司。

能源行业配网系统标准体系主要包括配电网建设（侧重于技术部分）、施工与验收、运行与维护、自动化与智能化（系统接口与通信技术除外）、农村电气化，如图3-9所示。

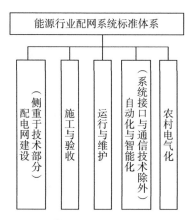

图3-9 能源行业配网系统标准体系

10. CEC/TC 01（中国电力企业联合会配网规划设计标准化技术委员会）

CEC/TC 01主要负责配网规划设计标准体系的研究及配电网设计相关技术领域的标准化工作，包含配电网规划、勘测、设计等技术标准的研究、编制、审定、推广。秘书处设在国网经济技术研究院有限公司。

配网规划设计标准体系包括技术原则、系统规划、工程设计、设施布局与选型、评价五部分，如图3-10所示。

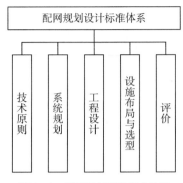

图3-10 配网规划设计标准体系

11. CEC/TC 04（中国电力企业联合会直流配电系统标准化技术委员会）

CEC/TC 04主要负责直流配电系统标准体系的研究，制定（修订）直流配电施工安装调试、运行维护检修、设备技术要求、试验检测等技术标准。秘书处挂靠在中国电力科学研究院有限公司。

直流配电系统标准体系主要分为基础通用、规划设计、交直流互联、设备选型和试验、施工及验收、并网及检测、运行维护评价、用户接入八个环节，在此基础上，增加了定义、编码导则基础通用类标准。直流配电系统标准体系如图3-11所示。

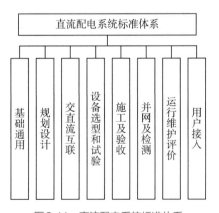

图3-11 直流配电系统标准体系

直流配电系统标准化技术委员会共组织立项1个IEC工作组、1个CIGRE工作组、23项团体标准，完成了13项团体标准的报批发布工作。

12. CEC/TC 15（中国电力企业联合会电能替代标准化技术委员会）

CEC/TC 15主要负责电能替代技术领域标准化技术归口工作，负责专门针对电能替代领域的国家标准、行业标准、团体标准及规范制定（修订）的专业管理。

电能替代技术标准体系形成了通用和专用两大类。在"双碳"目标下，完善已有电能替代技术标准体系，在通用部分中纳入术语、认定、评价、接入电网、与电网互动接口、集群控制等技术。按照建筑、工业、农业、交通四大重点领域和其他领域梳理电能替代相关技术，如图3-12所示。

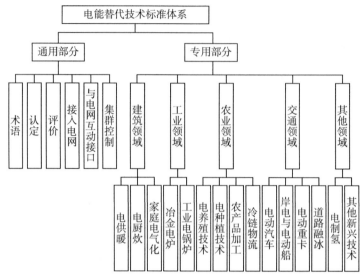

图3-12　电能替代技术标准体系

13. CEC/TC 31（中国电力企业联合会人工智能标准化技术委员会）

CEC/TC 31主要开展电力人工智能标准化相关工作，秘书处挂靠在中国电力科学研究院有限公司。

CEC/TC 31围绕人工智能的通用技术、共性技术、标准数据库、标准算例、评价方法五个方面开展标准研制工作。电力人工智能标准体系如图3-13所示。

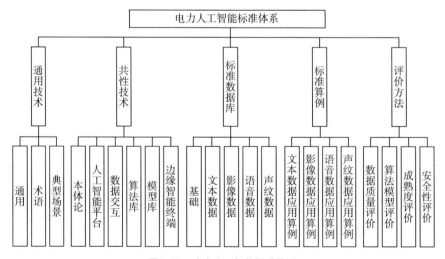

图3-13　电力人工智能标准体系

14. 能源行业综合能源服务标准化工作组

能源行业综合能源服务标准化工作组负责能源综合利用、能源服务、能效监测与诊断、能源托管与运营、系统运行质量、服务质量评价等（规划设计类除外）综合能源服务领域的标准化工作，同时在综合能源供应、综合能源技术装备、综合能源建设运营和综合能源互联网+等与综合能源服务有交集的领域开展标准化工作。综合能源服务标准体系如图3-14所示。

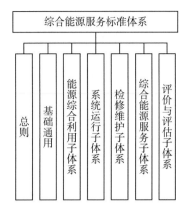

图3-14 综合能源服务标准体系

15. SAC/TC 321（全国电力设备状态维修与在线监测标准化技术委员会）

SAC/TC 321主要负责输变电设备安全运行、维修试验及在线监测技术领域的标准化工作。秘书处挂靠在中国电力科学研究院有限公司。

电力设备状态维修与在线监测标准体系主要包括基础通用类、状态监测类、状态评价及预测类、状态检修类及设备智能化类，如图3-15所示。

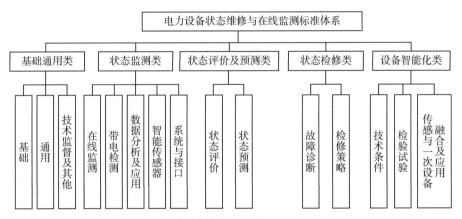

图3-15 电力设备状态维修与在线监测标准体系

16. SAC/TC 564（全国微电网与分布式电源并网标准化技术委员会）

SAC/TC 564主要负责微电网与分布式电源并网的规划设计、运行维护、调度运行和试验检测等领域国家标准制定（修订）工作，对口国际电工委员会电能供应系统方面技术委员会（IEC/TC 8），由中国电力企业联合会负责日常管理和业务指导，秘书处挂靠在中国电力科学研究院有限公司。

17. SAC/TC 549（全国智能电网用户接口标准化技术委员会）

SAC/TC 549主要负责电网（运行管理、市场交易、营销管理等应用系统）、第三方服务商与用户之间的接口，以及需求响应、能效管理等智能用电服务领域国家标准制定（修订）工作，对口国际电工委员会智能电网用户接口项目委员会（IEC/PC 118），秘书处挂靠在中国电力科学研究院有限公司。

SAC/TC 549下设4个工作组，其中，架构组为第一工作组，工作范围包括术语、体系架构、总体要求、概念模型、用例分析、安全防护等内容。第二工作组为电力需求响应工作组，主要围绕需求响应系统、终端、测评及业务管理等方面开展标准化工作。

18. SAC/TC 189（全国低压电器标准化技术委员会）

SAC/TC 189负责专业范围为低压开关设备和控制设备，如低压断路器，开关、隔离器、隔离开关与熔断器组合电器，接触器、起动器、过载继电器，控制电路电器，多功能电器，自动转换开关电器、控制和保护电器，接线端子排，模数化组合电器等。秘书处设在上海电器科学研究院。

19. SAC/TC 266（全国低压成套开关设备和控制设备标准化技术委员会）

SAC/TC 266负责专业范围为低压成套开关设备和控制设备。秘书处设在天津电气科学研究院有限公司。

20. DL/TC 43（电力行业供用电标准化技术委员会）

DL/TC 43负责供用电系统规划、配电网设备及运行、配电网系统与自动化、电力营销及信息管理、电力需求侧管理、配电系统线损等领域的标准化工作。

3.1.2 智能配电应用技术标准体系架构

智能配电应用技术标准体系密切结合智能配电与物联网总体发展目标需要，并遵循系统性、继承性和开放性的原则进行构建。

1. 系统性

智能配电与物联网涉及领域相对较广，需要以系统性视角，从生产制造到运维检修，从设备到系统，对智能配电与物联网领域进行多层次、多维度、多方向的划分，打造一个协调、完整的智能配电应用技术标准体系。

2. 继承性

智能配电与物联网建设涵盖配电设备及物联网、配电网智能运检、配电主站、分布式电源与微电网、配电网新业务与新业态、信息通信等，而上述领域目前已有大量理论研究成果和工程实践基础。智能配电应用技术标准体系应与之相适应，继承和完善已有相关技术标准，固化新技术、新装备、新方向的研究成果。

3. 开放性

随着智能配电与物联网建设的深入，配电设备及物联网、配电系统智能运维、配电主站、分布式电源与微电网、配电网新业务与新业态、信息通信等技术领域将面临许多创新需求，需要坚持"标准先行"的工作思路，持续制定或修订相关技术标准。因此，其标准体系应是一个开放、包容、可扩展的系统。

智能配电应用技术标准体系框架如图3-16所示。

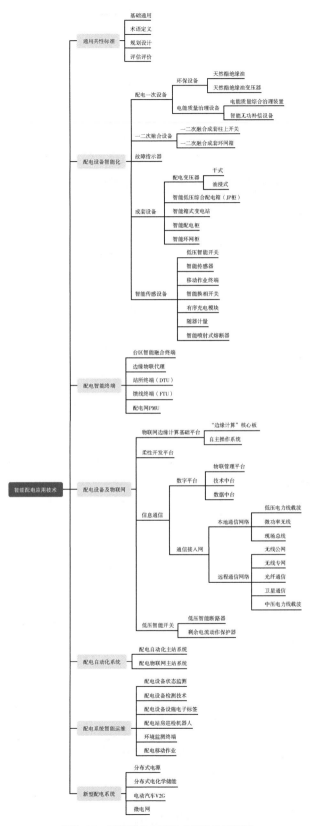

图3-16 智能配电应用技术标准体系框架

3.2 智能配电应用技术标准

3.2.1 通用共性标准

智能配电基础标准是指在智能配电应用技术标准体系中，普遍使用的、具有广泛指导意义的标准，主要包括术语定义、通用规范等内容，如表3-3所示。

表3-3 智能配电基础标准

序号	标准编号	标准名称	说明
1	GB 4208—2017	外壳防护等级（IP代码）	本标准适用于额定电压不超过725 kV，借助外壳防护的电气设备的防护分级
2	GB/T 6587—2012	电子测量仪器通用规范	本标准规定了电子测量仪器包括系统和辅助设备（以下简称仪器）的术语、要求、试验方法和质量检验规则等。 本标准适用于各种类型的电子测量仪器，是产品研制、设计、生产、验收和检验的主要技术依据，也是制定电子测量仪器产品标准和其他技术文件应遵循的原则和基础
3	GB/T 33905.3—2017	智能传感器 第3部分：术语	本部分界定了智能传感器通用术语、分类术语、制造技术术语、功能术语、材料术语和性能特性及相关术语。 本部分适用于智能传感器的生产、科学研究、教学及其他有关技术领域
4	GB/T 2900.18—2008	电工术语 低压电器	本部分规定了低压电器专用名词术语，包括一般术语、产品名称、结构与部件、设计参数和技术性能，以及一般工作条件与试验要求等方面的术语。 本部分适用于低压电器产品及其标准制定，编制技术文件，编写和翻译专业手册、教材或书刊，供从事电工专业工作的生产、科研、使用和教学等有关部门的人员使用
5	GB/T 32507—2016	电能质量 术语	本标准规定了电能质量领域有关的基本名词、术语及定义。 本标准适用于电力生产、输送、分配、储存与使用中电能质量技术和管理的有关领域

1. 基础通用

随着智能配电应用技术的发展，需制定普遍使用的、具有广泛指导意义的标准作为其他标准的基础。

（1）在综合能源领域，综合能源基础标准是其他子体系标准制定的基础，在综合能源系统基本原则方面尚未形成统一标准，可优先制定区域综合智慧能源系统方向类标准，以规范和指导建筑楼宇、社区、园区、工业企业场景下智慧能源系统规划设计、工程建设、运行维护和综合服务。

（2）在数字平台领域，目前电力领域缺少物模型行业标准，导致不同的设备厂商、业务部门对同一类设备采用不同的物模型，因此可制定电力物联网信息模型规范方向标准。

2. 术语定义

随着智能配电应用技术的发展，为使智能配电与物联网术语标准化，需制定相关的术语标准。

（1）在配电变压器领域，配电变压器的智能化术语与定义标准存在空白。

（2）在虚拟电厂领域，为促进虚拟电厂规范建设，基础规范方面需编制相关国家标准。

（3）在电能替代领域，随着业务发展，亟须规范电能替代相关术语，建议制定相应行业标准。

（4）在数字平台领域，国内区块链领域尚未有成熟的术语标准，建议制定国家标准，确保对区块链和分布式记账技术的主要概念有共同的认知与理解。

3. 规划设计

为了规范智能配电与物联网今后的发展方向，需对智能配电与物联网在技术层面的发展进行规划，同时对其技术路线进行顶层设计，制定相应的标准。在综合能源规划方面，可制定区域综合智慧能源系统规划设计及评价导则类标准，以规范和指导建筑楼宇、社区、园区、工业企业场景下智慧能源系统规划设计和评价相关工作。

4. 评估评价

随着智能配电与物联网的发展，为了找出智能配电与物联网在建设和运行过程中的问题和差距，提升智能配电与物联网的发展水平，需制定相应的标准。

（1）在直流配电网、新型负荷电能质量指标及限值方面，需制定直流配电网电能指标评价、新型负荷电能质量指标评价等相关规范。同时，为进一步完善电能质量监测系统的技术要求及功能规范，需建立电能质量数据融合及电网运行性能评价标准和评价规范。

（2）在虚拟电厂领域，需制定虚拟电厂领域技术监督与评价规范的相关标准。

3.2.2 配电设备智能化

3.2.2.1 配电一次设备

近年来，在配电网中涌现出许多新型电气设备，引起了配电网电压波动、闪变和三相不平衡现象，危害到电网中电气设备的经济安全运行。需要修订目前已不满足实际电能质量治理设备应用的标准，制定行业内缺少的设备标准。同时，在新能源、电力电子设备等新型电网电能质量特性方面，需修订电能质量相关标准，以完善标准中的指标及限值内容。

3.2.2.2 一二次融合设备

一二次融合设备包括一二次融合成套柱上开关、一二次融合成套环网箱两种设备，主要是在传统柱上开关/环网箱功能的基础上，将中压一次开关、二次终端、通信模块、自动化模块及电源、监测设备等模块整合设计，实现一二次设备的融合，提升一次设备的智能化水平，同时简化系统接口，减少内部线缆接线，提高系统的可靠性。

目前，该领域相关标准规定了配电网二次终端设备通用的功能和性能、电磁兼容性能、产品安全要求，以及与主站侧的101、104通信协议类型和方式；同时，一些团体标准规定了一二次融合设备交流传感器、柱上开关、电容取电等模块的使用条件、技术要求、试验检验等内容。一二次融合领域的核心标准有1项，如表3-4所示。

表3-4　一二次融合领域的核心标准

标准编号	标准名称	说明
T/CES 033—2019	12kV 智能配电柱上开关通用技术条件	本标准规定了12kV智能配电柱上开关的使用条件、技术要求，以及设计、制造、试验、运输、储存、安装、运行和维护的一般原则。 本标准适用于额定电压12kV、频率50Hz三相电力系统中架空线路用智能配电柱上开关设备

除上述已发布实施的核心标准之外，中国电力科学研究院正组织《12kV一二次融合成套柱上开关》《12kV一二次融合成套环网箱》两项电力行业标准及国家电网企业标准《配电一二次融合设备技术条件及检测技术规范》的制定，后续也可作为本领域的核心标准。

为解决传统配电一二次柱上开关存在的接口不匹配，兼容性、扩展性、互换性差等问题，配电设备一二次融合技术正逐步推广。现阶段，一二次柱上开关领域的技术标准体系不完善，需针对设备运维检修、安装运行等方面制定新标准，以指导及推动工程应用。

3.2.2.3　故障指示器

故障指示器为安装在配电线路上，用于检测线路短路故障和单相接地故障并发出报警信息的装置。故障指示器经过几十年的发展，目前已经发展出电缆型、架空型等9种类型，形成了门类较齐全的产品体系。

当前，该领域标准主要面向配电线路故障指示器技术要求、试验方法、检验规则，以及选型原则、检测等，其中，核心标准1项，如表3-5所示。

表3-5　故障指示器领域的核心标准

标准编号	标准名称	说明
DL/T 1157—2019	配电线路故障指示器通用技术条件	规范规定了配电系统中用于电力线路故障指示器的技术要求、试验方法、检验规则，以及包装、标识、运输和存储。 规范适用于3～35kV电压等级指示器的生产与检验

3.2.2.4　成套设备

成套设备包含配电变压器、智能低压综合配电箱（JP柜）、智能箱式变电站、智能配电柜、智能环网柜等。

在配电变压器方面，传统配电变压器虽然结构简单、效率高、运行可靠、经济性好，但可控性差、功能单一，难以满足智能配电变压器的相关需求。智能配电变压器大大提高了传统配电变压器的功能，但目前缺少标准规范，需制定智能配电变压器定义及功能等相关设备标准。

3.2.2.5 智能传感设备

1. 低压智能开关

低压智能开关包括低压智能断路器和剩余电流动作保护器等。低压智能断路器是用微电子、计算机技术和新型传感器建立的新的断路器二次系统。剩余电流动作保护器俗称漏电保护器,主要用来对危险并可能致命的电击提供保护,也能对过电流保护电器不能动作而长期持续的接地故障电流产生的火灾危险提供保护。

目前,低压智能开关领域标准主要面向低压智能开关的总体要求、性能要求、技术要求、试验方法、认证规则等,其中,核心标准6项,如表3-6所示。

表3-6 低压智能开关领域的核心标准

序号	标准编号	标准名称	说明
1	GB/T 10963.1—2020	电气附件 家用及类似场所用过电流保护断路器 第1部分:用于交流的断路器	本标准适用于交流 50Hz、60Hz 或 50/60Hz,额定电压不超过440V(相间),额定电流不超过125A,额定短路能力不超过25000A的交流空气式断路器
2	GB/T 10963.2—2020	电气附件 家用及类似场所用过电流保护断路器 第2部分:用于交流和直流的断路器	本标准适用于在直流电路中运行的单极和两极断路器的补充技术要求
3	GB/T 14048.1—2012	低压开关设备和控制设备 第1部分:总则	本标准规定了低压开关设备和控制设备的基本性能的所有规则和要求,以使相应范围内设备的性能要求和试验一致,避免根据不同的标准进行所需试验。 本标准适用于(当有关产品标准有要求时)低压开关设备和控制设备(以下简称"电器"),该电器用于连接额定电压交流不超过1000V或直流不超过1500V的电路
4	GB/T 14048.2—2020	低压开关设备和控制设备 第2部分:断路器	本标准规定了断路器的术语和定义、分类、特性、产品数据和资料,正常工作、安装及运输条件,结构与性能要求和试验,还规定了带熔断器的断路器的补充要求。 本标准适用于主触点用来接入额定电压不超过交流1000V或直流1500V电路中的断路器,由受过专业训练的人员和熟练人员安装和操作
5	GB/T 16916.1—2014	家用和类似用途的不带过电流保护的剩余电流动作断路器(RCCB) 第1部分:一般规则	本标准规定了各种形式的RCCB的术语和定义、技术要求及试验。 本标准适用于交流额定频率50Hz、60Hz或50/60Hz,额定电压不超过440V,额定电流不超过125A,动作功能与电源电压无关或与电源电压有关的家用和类似用途的不带过电流保护的剩余电流动作断路器
6	GB/T 16917.1—2014	家用和类似用途的带过电流保护的剩余电流动作断路器(RCBO) 第1部分:一般规则	本标准规定了各种形式的RCBO的术语和定义、技术要求及试验。 本标准适用于交流额定频率50Hz、60Hz或50/60Hz,额定电压不超过440V,额定电流不超过125A,额定短路能力不超过25000A(在50Hz或60Hz时),动作功能与电源电压无关或与电源电压有关的家用和类似用途的带过电流保护的剩余电流动作断路器

未来配电网将变成一个动态高效、便捷交互、可用于实时信息和功率交换的超级架构网络。为满足低压配电业务全球智能化发展，亟须对低压智能开关相关的各项标准进行修订，以此来进一步推动该领域的发展。

2. 智能传感器

智能传感技术对于准确感知配电状态参量，保障配电安全稳定运行具有重要意义。由于被感知对象的复杂性，当前智能传感技术呈现出多样性、边缘性和多领域性。

智能传感设备领域标准主要面向智能传感规定了总体架构，基本概念、术语和定义，传感器信息模型的建模要求、服务及配置方法等，其中，核心标准2项，如表3-7所示。

表3-7　智能传感设备领域的核心标准

序号	标准编号	标准名称	说明
1	GB/T 36378.1—2018	传感器分类与代码　第1部分：物理量传感器	本标准规范了物理量传感器的分类方法、编码方法及具体的代码和说明。 本标准适用于物理量传感器及相关设备的研制、销售和管理，以及在物联网领域部署和应用过程中的信息交换与信息处理
2	GB/T 33905.1—2017	智能传感器　第1部分：总则	本标准规范了智能传感器的体系结构、对智能传感器进行功能和性能特性试验的通用方法及程序。 本标准既适用于智能传感器，也适用于其他类型的传感器（前提是预先对其差异进行考虑）。对于某些使用微机电系统部件构成的智能传感器（如化学分析仪、流量计等）及预期在特殊环境（如爆炸气体环境）使用的智能传感器，还需参照其他相关国家标准

3. 移动作业终端

随着智能化设备的不断增多，现场运维人员对远程状态查看、数据实时分析的需求越来越多，因此配电移动运维作业将是重要的发展方向，需要针对当前及今后一定时期的配电移动作业标准进行规划和制定。

需要对配电网移动作业终端功能规范、终端配置、数据交互、现场应用、检测检验等方面的标准化和通用性开展相关技术调研，以及开展广泛的讨论和意见征集，并结合现场应用的检验验证，归纳、提炼配电网移动作业的需求，形成符合现场应用要求的移动作业标准。

4. 智能换相开关

我国低压配电网长期存在着三相不平衡问题，影响了电网的安全稳定和经济运行。智能换相开关是一种用于改善低压配电网三相负荷不平衡的自动化装置，能在不中断用户供电的情况下，通过对用户侧接入相序进行调整，把用电负荷在各相中均匀分配，从而达到三相平衡的目的。

目前，智能换向开关领域内共有4项相关标准，主要面向智能换相开关装置规定了产品分类、技术要求、试验方法、检验规则、标志，以及包装、运输及储存等主要要求，其中，核心标准1项，如表3-8所示。

表3-8　智能换相开关领域的核心标准

标准编号	标准名称	说明
GB/T 7251.8—2020	低压成套开关设备和控制设备　第8部分：智能型成套设备通用技术要求	本标准规定了低压成套开关设备和控制设备中智能型成套设备的术语和定义、使用条件、结构要求、性能要求、验证要求等。 本标准适用于额定电压不超过1000V、频率不超过1000Hz、直流电压不超过1500V的智能型成套设备

目前，智能换相开关方面的标准相对缺失，可制定相关标准以弥补国家标准、行业标准和团体标准空白的问题。

3.2.3　配电智能终端

3.2.3.1　台区智能融合终端与边缘物联代理

台区智能融合终端是配电物联网云管边端架构的边缘计算节点，采用"硬件平台化、软件App化"的设计思路，是配电物联网边缘计算的核心载体，是传统工控设备和物联网技术深度融合的最佳实践。

该领域目前共有相关标准43项，其中，国际标准11项、国家标准8项、行业标准12项、团体标准5项、国家电网公司企业标准4项、南方电网公司企业标准3项。国际标准方面，主要面向电信运营商边缘计算、企业与物联网边缘计算和工业边缘计算领域，从边缘计算架构、通信协议和移动边缘计算三个方面定义国外标准系列；国家标准方面，主要面向全域物联网，从体系结构、接口要求、信息安全及信息交换和共享四个方面定义系列标准，适用于各应用领域物联网系统，为物联网系统设计提供参考；行业、团体和企业级标准及相关产业报告方面，主要面向配电物联网及边缘计算领域，从行业的采集协议、接口规范、设备技术规范及边缘计算方面定义系列标准和白皮书。该领域的核心标准共4项，如表3-9所示。

表3-9　台区智能融合终端与边缘物联代理领域的核心标准

序号	标准编号	标准名称	说明
1	Q/GDW 1354—2013	智能电能表功能规范	本标准规定了智能电能表的术语和定义、功能要求及配置。 本标准适用于国家电网公司系统内单相、三相智能电能表的设计、制造、采购及验收
2	DL/T 645—2007	多功能电能表通信协议	本标准规定了多功能电能表与手持单元（HHU）或其他数据终端设备之间的物理连接、通信链路及应用技术规范。 本标准适用于本地系统中多功能电能表与手持单元或其他数据终端设备点对点或一主多从的数据交换方式。其他具有通信功能的电能表，如单相表和多费率电能表，可参照使用

序号	标准编号	标准名称	说明
3	Q/GDW 11658—2016	智能配电台区技术规范	本标准规定了智能配电台区的配置原则、技术条件、功能要求和试验要求。 本标准适用于国家电网公司供电区域内10kV配电台区，其他电压等级或类型的配电台区可参照本标准执行
4	Q/GDW 12106.4—2021	物联管理平台技术和功能规范边缘物联代理与物联管理平台交互协议规范	本标准规定了边缘物联代理设备与物联管理平台之间以MQTT方式进行交互的协议规范，包含物联管理平台对边设备的设备管理、容器管理、应用管理，以及业务交互等内容。以其他方式与物联管理平台进行交互的边缘物联代理设备需要遵循的协议规范另行约定。 本标准适用于电力物联网边缘物联代理与物联管理平台之间的通信交互

随着5G、物联网等新技术的应用，智能分布式FA、配电网差动等技术的推广完善，以及台区智能融合终端工程应用的深入，需对已有标准规范进行修订完善，并制定一批标准。为满足低压配电业务在敏捷连接、实时性、数据优化、业务智能及安全方面的关键需求，传统配变终端引入边缘计算技术，重新定义为融合计算、网络、存储和应用核心能力的台区融合终端，综合考虑边缘设备、边缘微应用和边缘协同三个维度。

3.2.3.2 馈线终端、站所终端

馈线终端（Feeder Terminal Unit，FTU）为安装在配电网馈线回路的柱上和开关柜等处，并具有遥信、遥测、遥控和馈线自动化功能的配电自动化终端。站所终端（Distribution Terminal Unit，DTU）为安装在配电网馈线回路的开关站、配电室、环网柜和箱式变电站等处，并具有遥信、遥测、遥控和馈线自动化功能的配电自动化终端。两类终端在配电网中已大规模应用。

该领域目前的标准主要面向FTU、DTU，规定了总体要求、技术要求、性能要求、结构要求、技术指标、性能指标等主要要求，针对终端应用规定了装置与主站协议、馈线自动化等具体功能实现、检测，以及招标等规范，其中，核心标准3项，如表3-10所示。

表3-10 馈线终端、站所终端领域的核心标准

序号	标准编号	标准名称	说明
1	GB/T 13729—2019	远动终端设备	本标准规定了远动终端设备的技术要求、试验方法、检验规则和标志包装、运输及储存，以及设备供应和保证期限。 本标准适用于各种远动终端设备，变电站、电厂测控单元和数据转发设备也可参照使用

续表

序号	标准编号	标准名称	说明
2	GB/T 35732—2017	配电自动化智能终端技术规范	本标准规定了配电自动化智能终端的结构要求、技术指标、性能指标等主要技术要求。 本标准适用于配电自动化智能终端的规划、设计、采购、安装调试（或改造）、检测、验收运维工作
3	DL/T 1910—2018	配电网分布式馈线自动化技术规范	本标准规定了配电网分布式馈线自动化的分类、技术要求和性能指标。 本标准适用于配电网分布式馈线自动化的规划、设计、建设、验收及运行工作

3.2.3.3　配电网同步相量测量装置（配电网PMU）

配电网同步相量测量装置主要用于配电网，以及用于同步相量测量装置和传输装置，可具备配电网终端"三遥"功能。

目前，该领域标准主要定义了装置的通用技术要求、功能、通信及数据传输协议，以及检测规范等，其中，核心标准3项，如表3-11所示。

表3-11　配电网同步相量测量装置（配电网PMU）领域核心标准

序号	标准编号	标准名称	说明
1	DL/T 280—2012	电力系统同步相量测量装置通用技术条件	本标准规定了电力系统同步相量测量装置的技术要求及对标志、包装、运输、储存的要求。 本标准适用于电力系统同步相量测量装置，作为产品设计、制造、试验和应用的依据
2	T/CSEE 0208—2021	配电网同步相量测量装置功能规范	本标准规定了配电网同步相量测量装置和数据集中器的配置原则、基本功能、时钟同步、测量功能、数据记录和通信要求。 本标准适用于配电网的同步相量测量装置和数据集中器的检测、设计、建设、改造、验收及运行
3	Q/CSG 1203052—2018	南方电网相量测量装置（PMU）技术规范	本标准规定了南方电网区域内的电力系统同步相量测量装置的配置要求、基本功能、技术性能、运行条件、命名规范。南方电网相量测量装置的设计、制造、试验、运行维护、升级改造均应遵守本规范

3.2.4　配电设备及物联网

3.2.4.1　数字平台

数字平台是融合技术、聚合数据、赋能应用的机构数字服务中枢。下面从物联管理平台、技术中台和数据中台三个方面重点进行介绍。

1. 物联管理平台

物联管理平台是实现物与物、物与人的敏捷连接和智能管理的物联网连接管理平台，提供灵活的应用服务部署和业务交互共享模式，为上层应用提供不同的数据服务，解决不同设备通信协议的数据交互，实现各类数据融合。

物联网领域的相关标准很多，但与配电物联管理平台直接相关的标准较少，目前的标准主要围绕物联平台功能架构展开，规定了物联平台应用场景、功能架构、技术要求、性能指标等，其中，核心标准1项，如表3-12所示。

表3-12   物联管理平台的核心标准

标准编号	标准名称	说明
GB/T 40287—2021	电力物联网信息通信总体架构	本标准规定了电力物联网的概念模型、参考体系架构、通信参考体系架构及信息参考体系架构要求。本标准适用于电力物联网信息通信系统的设计、建设及集成应用

目前在国内可提供物联管理平台的厂商有华为、阿里、京东、信产等，各厂商平台的功能类似，但数据结构、物模型规范不同，导致各平台间难以实现全域物联数据共享。

目前电力领域缺少物模型行业标准，也没有物模型的认证管理机制，从而导致不同的设备厂商、业务部门对同一类设备采用不同的物模型，不利于通过物联管理平台实现全域数据共享。同时，电力物联网络中设备和网络是受限的，因此在选择数据通信协议时需要考虑设备的计算量、存储量、能耗、窄带宽和网络不稳定等因素。常见的数据通信协议有HTTP、XMPP、CoAP、MQTT，其中，HTTP和XMPP网络开销大，CoAP和MQTT更适合物联网受限环境中设备的通信。从市场应用层面看，MQTT发展相对成熟、应用相对广泛，也比较适合设备的远程监控与管理，因此物联管理平台主要基于MQTT实现。但是目前各厂商实现MQTT的方案不同，应制定相关标准，统一规范MQTT的安全防护、消息结构、数据结构、认证鉴权等。

2. 技术中台

1）人工智能

人工智能是研究、开发用于模拟人的智能的理论、方法、技术及应用系统的一门新技术科学，目标是使用机器代替人类实现认知、识别、分析、决策等功能。以配电物联网为骨干，引入人工智能等技术，可助力城市能源实现智慧化，以及实现综合能源清洁、安全和高效利用。该领域目前有标准1项，为中国电机工程学会团体标准，主要面向智能配用电领域的大数据平台规定了数据内部交互方式及平台对外服务及接口方式。

配电物联网的人工智能应用正蓬勃发展，但相关标准几乎空白。随着配电物联网人工智能领域体系的逐渐完善和经验的逐步丰富，相关标准也应加快制定。

2）区块链

区块链在本质上是一个去中心化的数据库，是分布式数据存储、点对点传输、共识机制、加密算法等计算机技术的新型应用模式。

目前，该领域的标准主要面向配电物联网区块链，规定了区块链的概念、特征、技术要求，为智能配电及物联网体系内区块链的参考模型、能力要求、主要工作流程和应用用例提供规范性指导和参考。

目前国内缺乏配电领域内区块链的相关标准，智能配电行业开发和应用区块链技术缺乏参考和指导，需要面向区块链基础共性、核心技术、服务、业务应用和保障等方面开展技术标准的布局及研究。

3）移动互联

配电物联网移动互联是指通过移动化管理，可获得相关用户设备的精确定位和移动性信息，其中，核心标准1项，如表3-13所示。

表3-13　移动互联领域的核心标准

标准编号	标准名称	说明
YD/T 3386—2018	移动互联网流量综合网关技术要求	本标准主要应用在移动互联网流量综合网关技术方面，包括流量综合网关的自身功能要求及实现技术，如流量加工、流量引导、流量合作、流量服务等，研究和周边网元的交互接口，制定移动互联网流量综合网关技术要求。 本标准主要规定了自身系统架构、功能要求、接口要求，包括系统架构、功能要求和接口要求

当前配用电设备相关安全监测预警与处置体系不完善，缺乏统一协调下的配用电安全互联检测预警体系，导致政府部门、运营企业、安全组织、行业组织和公众用户在应对配用电设备安全威胁方面缺少统一的标准指导。因此应制定配用电设备安全互联相关国家标准。

3. 数据中台

配电物联网数据中台主要从后台及业务中台获取相关数据，完成海量数据的存储、计算、产品化包装，为前台定制化创新应用和业务中台持续交互提供支撑。

需对配电各环节的数据建立统一数据标准、赋予统一数据标识、提供统一数据服务，以构建配电数据服务开放共享机制，搭建数据安全防护体系，面向电力企业内外提供各类数据服务。

3.2.4.2　通信接入网

低压电力线宽带载波通信是利用低压电力配电线（380/220V用户线）作为信息传输媒介进行语音或数据传输的一种特殊通信方式。

目前该领域的标准主要面向低压电力线载波通信互联互通规定了总体技术、物理层协议、链路层协议、应用层协议、检验方法等主要要求，针对互联互通检验方法规定了宽带载波通信单元在传输、电气安全、电磁兼容方面的测试技术要求，其中，核心标准6项，如表3-14所示。

表3-14　低压电力线载波通信领域的核心标准

序号	标准编号	标准名称	说明
1	DL/T 1880—2018	智能用电电力线宽带通信技术要求	本标准规定了智能用电电力线宽带通信系统的技术要求，包括参考模型、通信协议、物理层要求、数据链路层要求、物理层与数据链路层接口、通信安全、传输性能和网络管理功能等。该标准适用于智能用电电力线宽带通信系统的规划设计、工程建设，以及设备研制生产。智能用电电力线宽带通信技术主要用于电能信息采集、智能用电管理等系统
2	Q/GDW 11612.1—2016	低压电力线宽带载波通信互联互通技术规范　第1部分：总则	本标准规定了应用于用电信息采集系统的低压电力线宽带载波通信系统网络拓扑、基本功能、低压电力线宽带载波通信单元分类及网络安全等要求。 本标准适用于国家电网公司电力用户用电信息采集系统宽带载波通信单元等相关设备的制造、检验、使用和验收
3	Q/GDW 11612.2—2016	低压电力线宽带载波通信互联互通技术规范　第2部分：技术要求	本标准规定了低压电力线宽带载波通信单元的技术要求，包括工作环境、基本传输特性、通信协议、电气安全及电磁兼容性等。 本标准适用于国家电网公司电力用户用电信息采集系统宽带载波通信单元等相关设备的制造、检验、使用和验收
4	Q/GDW 11612.41—2016	低压电力线宽带载波通信互联互通技术规范　第4-1部分：物理层通信协议	本标准规定了电力用户用电信息采集系统基于宽带载波通信网络的物理层技术。 本标准适用于用电信息采集系统的集中器通信单元与电能表通信单元、采集器通信单元之间的数据交换
5	Q/GDW 11612.42—2016	低压电力线宽带载波通信互联互通技术规范　第4-2部分：数据链路层通信协议	本标准规定了电力用户用电信息采集系统基于宽带载波通信网络的数据链路层技术。 本标准适用于用电信息采集系统的集中器通信单元与电能表通信单元、采集器通信单元之间的数据交换
6	Q/GDW 11612.43—2016	低压电力线宽带载波通信互联互通技术规范　第4-3部分：应用层通信协议	本标准规定了电力用户用电信息采集系统基于宽带载波通信网络的应用层技术。 本标准适用于用电信息采集系统的集中器通信单元与电能表通信单元、采集器通信单元之间的数据交换

3.2.5　配电自动化系统

3.2.5.1　配电自动化主站系统

配电自动化主站应用配电网智能调度与控制、主配电网协同、运行状态管控、配电网数字化服务等技术，构建配电网动态数据感知中心，实现配电网运行状态的动态感知和基于实时/准实时信息分析的决策控制，其中，核心标准13项，如表3-15所示。

表3-15 配电自动化主站领域的核心标准

序号	标准编号	标准名称	说明
1	GB/T 35689—2017	配电信息交换总线技术要求	本标准规定了配电信息交换总线的总体架构、主要功能、接口和适配器等技术要求，以及应遵循的安全防护要求。 本标准适用于配电信息交换总线及信息集成的规划、设计、建设和运行
2	DL/T 1936—2018	配电自动化系统安全防护技术导则	本标准规定了配电自动化系统总体安全防护及配电主站、配电终端、横向边界、纵向边界的安全防护技术及安全检测技术要求。 本标准适用于配电自动化系统的网络信息安全防护，以及配电自动化系统的建设和改造，在运系统加强边界安全防护和运行管理，在运系统逐步进行安全改造
3	DL/T 1910—2018	配电网分布式馈线自动化技术规范	本标准规定了配电网分布式馈线自动化的分类、技术要求和性能指标。 本标准适用于配电网分布式馈线自动化的规划、设计、建设、验收和运行工作
4	DL/T 2057—2019	配电网分布式馈线自动化试验技术规范	本标准规定了配电网分布式馈线自动化试验环境、试验模型及试验方法的基本要求，作为配电网分布式馈线自动化产品试验的依据。 本标准适用于配电网分布式馈线自动化产品的出厂试验、实验室试验及现场试验。电网企业和用户及从事配电网产品试验的科研、设计、制造和运行等单位均可参照执行
5	DL/T 814—2013	配电自动化系统技术规范	本标准规定了中压配电网的配电自动化系统及相关设备的主要技术要求、功能规范，以及应遵循的主要技术原则。 本标准适用于配电自动化系统的规划、设计、建设、改造、验收和运行
6	DL/T 1406—2015	配电自动化技术导则	本标准规定了配电自动化的主要技术原则。 本标准适用于配电自动化规划、设计、建设、改造、测试、验收和运维
7	DL/T 1649—2016	配电网调度控制系统技术规范	本标准规定了配电网调度控制系统建设的系统功能、系统配置与性能、系统间数据通信、端接入及通信、系统安全防护等的技术要求。 本标准适用于配电网调度控制系统的设计、建设、改造和运行
8	DL/T 1883—2018	配电网运行控制技术导则	本标准规定了10kV（含20kV、6kV）中压配电网运行控制的技术要求，对配电网运行控制所涉及的规划设计、设备制造、建设改造和生产运行提出了原则性要求。 本标准适用于中压配电网及运行设备和系统。电网企业和用户，以及从事配电网运行控制系统的科研、设计、制造和运行等单位均可参照执行
9	DL/T 5781—2018	配电自动化系统验收技术规范	本标准规定了配电自动化系统验收中应遵循的技术要求。 本标准适用于新建及改造配电自动化系统的验收，涵盖配电自动化系统主站、配电自动化远方终端/配电自动化子站、通信系统
10	Q/GDW 307—2009	城市配电网技术导则	本导则根据国家和行业有关法律、法规、规范和规程，并结合目前国家电网公司配电网的发展水平、运行经验和管理要求而提出

序号	标准编号	标准名称	说明
11	Q/GDW 513—2010	配电自动化主站系统功能规范	本规范规定了配电自动化主站系统的软硬件配置、基本功能、扩展功能、智能化应用，明确了主要技术指标，以及对配电终端通信接口和与其他相关系统的信息交互等要求。 本规范适用于国家电网公司所属各区域电网公司、省（自治区、直辖市）电力公司配电自动化主站系统的规划、设计、采购、建设（或改造）、验收和运行
12	IEC 61970 series	能量管理系统应用程序接口（EMS-API）系列国际标准	IEC 61970系列标准定义了能量管理系统（EMS）的应用程序接口（API），目的是便于集成来自不同厂家的EMS内部的各种应用，便于将EMS与调度中心内部其他系统互联，便于实现不同调度中心EMS之间的模型交换
13	IEC 61968 series	电力企业应用集成系列国际标准	IEC 61968系列标准主要定义了配电管理系统（DMS）接口体系的主要元素的接口

总体分析，配电自动化支撑系统的标准化设计、施工、验收等工程标准存在滞后情况，需要从配电网规划与设计、施工与验收、设备与设施、运行与维护、自动化等几个方面，对现有标准进行更新，以满足现代配电网的发展需求，支撑新形势下配电网的快速、有序发展。

3.2.5.2　配电物联网主站系统

配电物联网云平台基于微服务架构技术、分布式海量数据存储技术、配电网多元数据的大数据分析技术和人工智能技术等关键技术，支撑物联网架构下的配电主站全面云化和微服务化，实现配电网业务的灵活、快速部署，实现电网状态全息感知、运营数据全面连接、公司业务全程在线、客户服务全新体验、能源生态开放共享。

配电物联网属于新兴业务，标准化尚处于起步阶段，现有核心标准3项，如表3-16所示。

表3-16　配电物联网主站领域的核心标准

序号	标准编号	标准名称	说明
1	Q/GDW 12115—2021	电力物联网参考体系架构	本标准规定了电力物联网总体架构、各部分组成及相关功能。 本标准适用于电力物联网应用场景的设计，为电力物联网建设提供参考
2	Q/GDW 12103—2021	电力物联网业务中台技术要求和服务规范	本标准规定了电力物联网业务中台技术要求和服务规范。 本标准适用于电力物联网业务中台的设计、研发、运营等环节
3	Q/GDW 11822.1—2021	一体化"国网云"第8部分：应用上云测试	本部分规定了国家电网有限公司业务应用上云的测试要求、测试方法及测试结果评价，其中，安全测试部分不涉及安全保障要求与源代码的相关安全要求。 本部分适用于公司管理大区的企业管理云，以及互联网大区的公共服务云应用上云测试工作

随着"云大物移"技术与配电网业务的结合，衍生出新的业务需求：

（1）配电物联网技术方向目前还是空白，尤其在配电物联网云主站方面，围绕"安全、功能、场景、模型"尚无规范。

（2）配电物联网智能终端从接入物联网平台到业务应用的全链路即插即用技术方案还是空白。

（3）电网资源业务中台是支撑配电网业务共性服务沉淀及标准化服务发布的平台。目前该类技术方向在标准化信息模型、共性服务规范和交互规范方面为空白状态。

3.2.6　配电系统智能运维

3.2.6.1　配电设备状态监测

1. 配电一次设备状态监测

环网柜是一组输配电气设备装在金属或非金属绝缘柜体内或做成拼装间隔式环网供电单元的电气设备，广泛使用于城市住宅小区、高层建筑、大型公共建筑、工厂企业等负荷中心的配电站及箱式变电站中。

目前，该领域标准主要面向配电一次设备技术要求、试验方法、检验规则，以及选型原则、检测等，核心标准共3项，如表3-17所示。

表3-17　配电一次设备状态监测领域的核心标准

序号	标准编号	标准名称	说明
1	GB/T 32353—2015	电力系统实时动态监测系统数据接口规范	本标准规定了电力系统实时动态监测系统数据接口的定义分类、接口方式和数据格式。 本标准适用于电力系统实时动态监测系统的建设和数据接口实现
2	DL/T 1987—2019	六氟化硫气体泄漏在线监测报警装置技术条件	本标准规定了六氟化硫气体泄漏在线监测报警装置（以下简称"装置"）的技术要求、试验方法、检验规则及标志、包装、运输、储存等要求。 本标准适用于室内六氟化硫电气设备工作场所用六氟化硫气体泄漏在线监测报警装置的生产和检验，其他场所用六氟化硫气体泄漏在线监测报警装置的生产和检验可参考使用
3	DL/T 1534—2016	油浸式电力变压器局部放电的特高频检测方法	本标准规定了油浸式电力变压器（电抗器）局部放电的特高频检测方法，主要包括检测装置功能要求、检测与定位技术要求、信号特征和分析方法

2. 配电线缆状态监测

配电线缆是配电网系统非常重要的组成部分，其质量直接与电力输送是否能够保证高质量及高稳定性有密切关系。配电线缆的运行状态影响整个配电系统的运行可靠性。配电线缆状态监测领域的核心标准有1项，如表3-18所示。

表3-18　配电线缆状态监测领域的核心标准

标准编号	标准名称	说明
DL/T 1932—2018	6~35kV电缆振荡波局部放电测量系统检定方法	本标准规定了6~35kV电缆振荡波局部放电测量系统的检定项目与技术要求、检定用器具、检定方法、检定结果、检定周期等。 本标准适用于6~35kV电缆振荡波局部放电测量系统的振荡波高压发生单元、局部放电测量单元及局部放电定位单元的首次检定、后续检定和使用中检验

对配电设备的实时状态进行监测以实现运行状况的预判及告警很有必要。需要修订目前的标准，制定行业内缺少的相关标准，以此来进一步推动该领域的发展。

3.2.6.2　配电设备检测技术

配电设备检测包括配电设备的超声、特高频、高频、暂态地电压、红外、紫外、振荡波局部放电检测，以及超低频电缆耐压、介损、局部放电检测，通过这些检测可有效发现配电网设备的健康水平，为配电网设备的状态检修提供可靠的依据，从而提高配电网供电的可靠性。

该领域的核心标准共6项，如表3-19所示。

表3-19　配电设备检测技术领域的核心标准

序号	标准编号	标准名称	范围
1	DL/T 345—2019	带电设备紫外诊断技术应用导则	本标准规定了应用紫外成像技术对带电设备电晕放电进行诊断的现场检测要求、检测方法、放电缺陷类型判定和检测结果诊断、缺陷严重程度分类及处理、检测周期、仪器和数据管理等要求。 本标准适用于采用紫外成像仪对高压带电设备（主要包括设备导电体和绝缘体表面）因各种原因引起的电晕放电检测和缺陷诊断
2	DL/T 1575—2016	6~35kV电缆振荡波局部放电测量系统	本标准规定了6~35kV电缆振荡波局部放电测量的组成、使用条件、性能要求、检验方法、检验规则，以及标志、包装、运输、储存。 本标准适用于采用振荡波电压法测量和定位6~35kV电缆局部放电缺陷的系统，可作为该系统设计、生产、试验、使用、维护及仲裁的依据
3	DL/T 664—2016	带电设备红外诊断技术应用导则	本标准规定了带电设备红外诊断的术语和定义、现场检测要求、现场操作方法、仪器管理和检验、红外检测周期、判断方法、诊断判据和缺陷类型的确定及处理方法。 本标准适用于采用红外热像仪对具有电流、电压致热效应或其他致热效应引起表面温度分布特点的各种电气设备及以SF6气体为绝缘介质的电气设备泄漏进行的诊断。使用其他红外测温仪器（如红外点温仪等）进行诊断的，可参照本标准执行

续表

序号	标准编号	标准名称	范围
4	Q/GDW 11304—2015	电力设备带电检测仪器技术规范	本部分规定了电力设备带电检测仪器（以下简称"带电检测仪"）的工作条件、技术要求、试验、检验规则、标志、包装、运输、储存。 本部分适用于电力设备带电检测仪器的设计、生产、采购和检验
5	Q/GDW 11400—2015	电力设备高频局部放电带电检测技术现场应用导则	本标准规定了电力设备高频局部放电带电检测技术的检测原理、仪器要求、检测要求、检测方法及结果分析的规范性要求。 本标准适用于具有接地引下线的电力设备高频局部放电现场带电检测
6	Q/GDW 11838—2018	配电电缆线路试验规程	本标准规定了10～35kV交联聚乙烯绝缘电力电缆线路交接、例行和诊断性试验方法及要求。 本标准适用于通常安装和运行条件下使用的交流电力电缆线路。水底和站用电缆线路可参照本标准

配电设备的运行环境恶劣，数量繁多，负荷增长迅速，造成其故障频发，给用户和电力企业造成了较大的经济和社会影响。为了改善目前的状况，配电设备检测新设备、新技术不断涌现，而相应标准规范检测工作亟须补充。

3.2.6.3 配电设备设施电子标签

电子标签是指用于物体或物品标识、具有信息存储机制的、能接收读写器的电磁场调制信号并返回响应信号的数据载体。

目前，该领域标准主要规定了电子标签的基本性能要求、结构要求、技术指标、性能指标等，规定了采用密码技术的电子标签的安全认证、数据存储和通信安全等要求，适用于电子标签的设计、生产、测试和应用等环节。该领域的核心标准共1项，如表3-20所示。

表3-20 配电设备设施电子标签领域的核心标准

标准编号	标准名称	说明
Q/GDW 1759—2017	电网一次设备电子标签技术规范	本标准规定了电网一次设备用电子标签的种类及规格要求、技术要求、试验要求及检验规则。 本标准适用于无源电子标签

近年来，随着配电网标准化建设的不断深入，配电设备设施电子标签的应用日益普及，而配电物联网的应用给电子标签带来新的使用场景。需要修订当前标准，制定缺少的标准。

3.2.6.4 配电站房巡检机器人

配电站房巡检机器人安放（装）于配电站房内和配电站房外，对配电站房环境、局部放电、设备温度、声音、气体、开关位置、表计读数等多维度数据实时感知监控，并做出预测性分析，为精准决策提供科学依据。配电线路巡检机器人用于架空配电线路巡检作业的移动巡检，可自动或人工辅助确定上下线路、自主巡检、遥控巡检、制订巡检计划，对输电线路局部或全线开展自主巡检。配电站房和配电线路智能巡检能有效解决人工巡检消耗大、巡检数据主观性强、巡检过程可追溯性差、巡检质量和实时性无法保证等问题。目前配电站房和配电线路智能巡检机器人技术规范为空白状态，需要制定配电站房巡检机器人技术条件。

3.2.6.5 环境监测终端

环境监测终端安装在电缆隧道、廊道、沟道中，监测人员的身份、行为、装备是否符合安全等规范，并监测作业安全和进展状况，还监测环境状况。环境监测终端是将物联网技术运用于配电环境监测的新型产品，而有关环境监测的标准处于空白状态，需要制定环境监测终端的规范。

3.2.6.6 配电移动作业

配电移动作业是采用专用移动终端对配电设备的运行状态、故障信息、设备信息等进行本地或远程实时查看的一种作业方式。该方式能够降低作业成本，同时方便作业人员更加清晰地了解设备运行状态，提高作业效率，提升供电可靠性。

该领域目前的相关标准主要面向用电信息采集、智能电网接入领域与现场移动作业终端相关的安全防护技术、移动终端功能要求、微功率无线通信技术等。该领域的核心标准有3项，如表3-21所示。

表3-21 配电移动作业领域的核心标准

序号	标准编号	标准名称	说明
1	DL/T 1511—2016	电力系统移动作业PDA终端安全防护技术规范	本标准规定了电力系统移动作业PDA终端安全防护所遵循的主要技术原则和技术要求。 本标准描述的电力系统移动作业PDA终端，是通过无线APN/VPDN网络接入移动作业业务系统的PDA终端。 本标准适用于接入移动作业系统进行移动作业的PDA终端的安全防护，在PDA终端进行安全防护的设计、开发、实施和检测时可参照执行
2	DL/T 1747—2017	电力营销现场移动作业终端技术规范	本标准规定了电力营销现场移动作业终端的技术要求、功能要求、安全性要求，以及试验内容和试验方法。 本标准适用于电力营销现场移动作业终端的设计、制造、检验、使用和验收

序号	标准编号	标准名称	说明
3	Q/GDW 1927—2013	智能电网移动作业PDA终端安全防护规范	本标准规定了使用智能电网移动作业PDA终端时所应遵循的安全防护技术原则和技术要求，本标准描述的智能电网移动作业PDA终端可以通过离线方式直接接入业务系统，在直接接入的方式下应连接信息内网计算机进行业务数据传递，内网计算机应部署桌面管控软件和防病毒软件，并保持操作系统补丁是最新的。本标准描述的PDA终端也可以是通过无线APN专网接入业务系统进行移动作业的终端。 本标准适用于指导满足国家电网公司信息内网安全接入要求的通过无线APN专网接入公司信息内网业务系统的移动作业类终端的安全防护和检测

随着智能断路器、智能传感器等各类智能化设备的不断增加，现场运维人员对远程状态查看、数据实时分析的需求越来越多，当前针对配电移动作业的标准无法满足应用需求，需要针对当前及今后一段时期的配电移动作业规划制定新标准。

3.2.7 新型配电系统

3.2.7.1 分布式电源

分布式电源是指在用户所在场地或附近建设安装、运行方式以用户侧自发自用为主、多余电量上网，且在配电网系统平衡调节为特征的发电设施或有电力输出的能量综合梯级利用多联供设施。

该领域目前的已有标准主要规定了总体要求、技术要求、性能要求、结构要求、技术指标、性能指标等，针对终端应用规定了装置与主站协议、馈线自动化等具体功能实现、检测及招标等规范。分布式电源领域的核心标准共1项，如表3-22所示。

表3-22 分布式电源领域的核心标准

标准编号	标准名称	说明
GB/T 33593—2017	分布式电源并网技术要求	本标准规定了分布式电源接入电网设计、建设和运行应遵循的一般原则和技术要求。 本标准适用于通过35kV及以下电压等级接入电网的新建、改建和扩建分布式电源

为适应大规模的分布式光伏的建设和接入电网，坚持安全发展，亟须制定光伏设备性能强制性技术标准、管理规定或法律规范，建立光伏设备准入、检测和监管机制，明确分布式光伏可观、可测、可控及逆变器具备可靠低电压穿越能力等要求。

3.2.7.2 分布式电化学储能

《国家发展改革委国家能源局关于开展"风光水火储一体化""源网荷储一体化"的指导意见》要求，"源网荷储一体化"应通过优化整合本地电源侧、电网侧、负荷侧资源，以先进技术突破和体制机制创新为支撑，探索构建源网荷储高度融合的新型电力系统发展路径。为了更好地提升新能源的消纳能力，分布式储能是"源网荷储一体化"最重要的一个环节。

目前该领域的相关标准主要面向分布式电化学储能系统接入配电网的技术要求、运行控制和测试等。该领域的核心标准共2项，如表3-23所示。

表3-23 分布式电化学储能领域的核心标准

序号	标准编号	标准名称	说明
1	GB/T 36547—2018	电化学储能系统接入电网技术规定	本标准规定了电化学储能系统接入电网的电能质量、功率控制、电网适应性、保护与安全自动装置、通信与自动化、电能计量、接地与安全标识、接入电网测试等技术条件。 本标准适用于额定功率为100kW及以上且储能时间不低于15min的电化学储能系统，其他功率等级和储能时间的电化学储能系统可参照执行
2	NB/T 33015—2015	电化学储能系统接入配电网技术规定	本标准规定了以电化学形式存储电能的储能系统接入配电网所应遵循的原则和技术要求。 本标准适用于接入10（20）kV及以下电压等级配电网的电化学储能系统，接入配电网的其他类型储能系统及微电网中的储能系统可参照执行

在用户侧安装分布式电化学储能系统，迫切需要制定相关标准，规范接入技术要求，明确分布式电化学储能的安全防护措施，加强分布式电化学储能的监控，保障人身、设备和配电网的安全。

3.2.7.3 电动汽车V2G

电动汽车以电代油，能够实现零排放与低噪声，是解决能源和环境问题的重要手段。随着电动汽车数量的不断增加，充分利用电动汽车的"荷–源"双向属性，真正让大规模电动汽车由"电网的充电负担"变为"电网的调控法宝"。

该领域目前属于新兴方向，国内标准化方面主要面向充电设施接入电网技术、充换电设施电能质量、电网间歇性电源与电动汽车充电协同调度技术，以及充换电服务网络信息交换等。电动汽车与电网互动领域的核心标准共1项，如表3-24所示。

表3-24 电动汽车与电网互动领域的核心标准

标准编号	标准名称	说明
GB/T 36278—2018	电动汽车充换电设施接入配电网技术规范	本标准规定了电动汽车充换电设施接入配电网的基本原则和技术要求。 本标准适用于接入110kV及以下电压等级电网的电动汽车充换电设施

目前，该领域内国际标准主要为电动汽车与电网互动的通用要求，涉及日本、中国、欧美的三个直流充电系统的连接描述、模型定义等。IEC TC69与ISO成立的JWG1车辆与电网之间的通信接口联合工作组致力于推进ISO 15118系列标准，该标准明确规定了车辆与电网之间通信接口的物理层、数据链路层、网络层及应用层的要求，以及一致性测试。结合中国充换电设施应用实际，中国尚没有采用ISO 15118的技术方案。

由中国主导发起的IEC 63119-1：2019《电动汽车充电漫游服务信息交互　第1部分：通用要求》已经发布，这是世界上首个电动汽车充电服务领域标准，定义了充电服务信息交换的架构和角色、数据传输过程、信息交换功能、安全机制和性能要求等，为电动汽车充电漫游服务信息交互建立了基本准则。目前IEC TC69 WG9 充电漫游工作组正在推进IEC 63119-2《电动汽车充电漫游服务信息交互　第2部分：用例》和IEC 63119-3《电动汽车充电漫游服务信息交换　第3部分：消息结构》标准的编制。

由于当前电动汽车与电网互动的专业标准极少，仅限于术语定义、互动要求、有序充电等方面，因此仍需要完善标准体系，加快充放电技术标准的制定和实施。

3.2.7.4　微电网

微电网是指由分布式电源、用电负荷、配电设施、监控和保护装置等组成的小型发配用电系统。微电网分为并网型微电网和独立型微电网，可实现自我控制和自治管理。并网型微电网通常与外部电网联网运行，且具备并离网切换与独立运行能力。微电网领域的核心标准如表3-25所示。

表3-25　微电网领域的核心标准

序号	标准编号	标准名称	说明
1	GB/T 33589—2017	微电网接入电力系统技术规定	本标准规定了微电网接入电力系统运行应遵循的一般原则和技术要求。 本标准适用于通过35kV及以下电压等级接入电网的新建、改建和扩建并网型微电网
2	GB/T 36274—2018	微电网能量管理系统技术规范	本标准规定了微电网能量管理系统的结构及配置、工作环境条件、系统功能、性能指标等技术要求。 本标准适用于35kV及以下电压等级的新建、改建和扩建微电网

微电网的建设和维护成本相对较高，目前建成的微电网基本上是科技项目的试验示范工程，离网型微电网由于没有大电网的支撑，还有一些项目在运行，但是主要建立在高于现行电价的基础上。目前在运行的微电网很多仅是作为展示之用，相应的标准也不够完善，应尽快完善标准体系，加快相关标准的制定和实施。

第4章
智能配电关键技术

4.1 配电设备智能化

配电网的状态与广大电力用户息息相关，其可靠、高效、便捷、清洁、高质量的电力供应是智能电网建设成果的重要体现，尤其是近年来随着分布式清洁能源发电的推广，电动汽车、电采暖和储能等多元化负荷发展，配电网由"无源"变为"有源"，潮流由"单向"变为"双向"，迫切需要融合信息、通信、控制技术，促进"源—网—荷"协调发展，提高配电网对分布式清洁发电消纳和多元化负荷的保障能力及适应性，这就要求配电网由传统向智能转型升级。

随着电力用户对供电可靠性要求的不断提高，一方面，要进一步优化配电网络结构，包括加强配电网络的科学规划和有序建设，提高电力供应的可靠性；另一方面，为了减少设备故障及人为事故的发生，提高设备的智能化集成程度，保证配电设备的质量安全可靠，需要将设备运行状态的监测、设备故障的预警、设备的自动控制等功能赋予配电设备，因此，实现配电网自动化、智能化和互动化的关键在于集成智能配电设备。当前，配电网建造的规划日益扩展，随着数字化技术在各行业的纵深发展及能源分散化趋势的进一步加强，布置智能配电设备，提升配电网的智能化水平，成为配电企业完成数字化转型和未来发展的当务之急。

4.1.1 一二次融合开关

1. 概述

近年来，为实现配电网故障区域精准隔离与非故障区域快速复电，国家电网公司不断增加对智能电网的投资，大范围推广应用一二次融合开关设备。配电开关类一二次融合产品主要包含一二次融合柱上开关成套设备和一二次融合环网柜成套设备，每一类产品都由一次高压开关和二次智能终端组成。

　　一二次融合柱上开关成套设备一般由开关本体、馈线自动化终端、电压互感器、配套连接电缆等组成，主要用于分断、关合电力系统中的负荷电流、过载电流及短路电流，实现故障检测、保护控制和通信功能等要求。

　　（1）按照结构不同，可以将一二次融合开关分为支柱式和共箱式两大类。两种开关采用不同的设计方案，实现相同的功能。

　　（2）按照功能不同，可将一二次融合开关分为负荷开关成套设备和断路器成套设备两大类。负荷开关成套设备由负荷开关和FTU组成，负荷开关具有简单的灭弧装置，能切断额定负荷和一定的过载电流，但不能切断短路电流。断路器成套设备由断路器和FTU组成，能关合、承载、分断正常回路条件下的电流；在规定的时间内承载规定的过电流，并能关合和分断异常回路条件（如各种短路条件）下的电流。

　　（3）按照组合模式结构不同，可将一二次融合开关分为普通型和深度融合型两个品类。以支柱式断路器为例，普通型支柱式断路器的互感器置于极柱外，深度融合型柱上断路器采用真空灭弧室、电流传感器、电压传感器一体化设计，内置取电模块代替原外置电源PT为FTU供电。深度融合型柱上断路器小型化、一体化程度高，防护等级高，使用寿命长。

　　（4）按照互感器配置的不同，可将一二次融合开关分为电磁式互感器组合、电子式互感器组合和数字式互感器组合三种模式。电磁式互感器体积大，多置于开关本体外；电子式互感器体积小，可内置于开关本体，但其精度易受电磁干扰的影响；数字式互感器在电子式互感器的基础上增加了数字化单元模块（ADMU），将模拟信号转化为数字信号，从而提高信号的抗干扰能力。

　　一二次融合环网柜成套设备根据DTU模式可分为集中式和分散式两种类型。在集中式配置方案中，全站各间隔保护及测控功能集中于集中式DTU装置中，支持多个间隔采样和信号的同时接入，且具有完全独立的保护功能，并根据需要配置备自投功能，如图4-1所示。分散式配置方案按环网柜各间隔独立配置微机型保护测控一体化装置，并根据需要配置独立的备自投装置，通过公共单元实现各装置保护信息及自动化"三遥"信息的汇总，并上送配电主站，如图4-2所示。

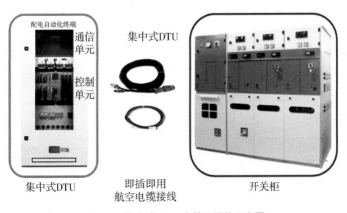

图4-1　集中式DTU安装及通信示意图

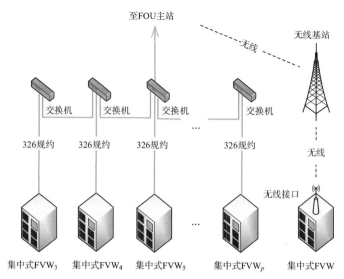

图4-1 集中式DTU安装及通信示意图（续）

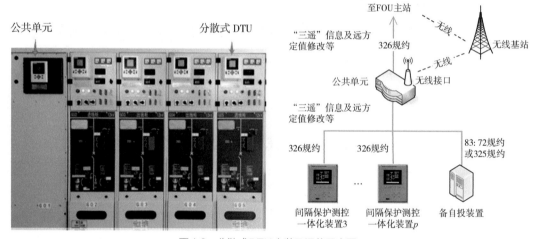

图4-2 分散式DTU安装及通信示意图

一二次融合开关作为配电网最广泛分布的设备之一，承担了配电网保护、控制、监测等重要功能，是配电自动化功能实现的重要载体。一二次融合并不是将一二次设备简单集成，而是指系统的一次设备中含有部分二次设备的智能单元，让一次设备更加智能化，二次设备的部分功能逐渐融合到一次设备，未来电力系统中的二次设备本身逐渐变小甚至看不到设备本身。

2. 研究及应用进展

1）研究进展

一二次融合智能开关的发展主要经历了以下几个阶段：

（1）一次高压开关独立运行；

（2）一次高压开关、二次智能馈线终端相互独立，一二次设备适配性差；

（3）一二次设备成套化设计，相互独立，共同运行，通过统一接口，解决一次高压开关和二次智能馈线终端设备不匹配的问题；

（4）一二次融合，二次设备逐步融合到一次设备中，让一次设备更加智能化。

一二次融合智能开关目前的研究主要朝着集成化、标准化和智能化方向发展，其中，一二次融合柱上开关在结构、功能方面的融合程度较深，主要在操作机构、高精度传感器、故障定位技术、取能技术几个方面开展研究。一二次融合环网柜主要以结构设计、功能集成与传感监测方面的优化为主。

一二次融合柱上开关设备技术研究主要集中在以下几个方面：

（1）操作机构。一二次融合柱上开关设备目前主要采用弹簧操作机构，其存在机构复杂、工艺复杂、加工精度要求高、固有动作时间长等不足，导致产品的可靠性不能完全保证，在配电线路上分布过密时容易产生越级跳闸，扩大停电范围。相比之下，永磁操作机构及磁控操作机构是未来应用前景较好的两种操作机构，但目前受限于其技术成熟度及过高的价格，仅在北京、上海、浙江、山东等发达地区有一定应用，尚未在全国范围内推广。永磁操作机构操作简便、稳定可靠，目前还需要提高工艺水平，延缓永磁体消磁，进一步延长使用寿命。磁控操作机构是近几年在永磁机构的基础上发展起来的新型高压开关操作机构，磁控操作机构响应速度快，能保证开关的分闸时间小于10ms，是极具潜力的一种操作机构，目前仍需要攻克无法手动分合闸难题，成本也有待降低。

（2）高精度传感器。随着一二次成套设备不断地小型化、一体化，二次传感器将逐渐集成至一次开关设备中，在此背景下，体积较小的电子式电流互感器（Electronic Current Transformer，ECT）与电子式电压互感器（Electronic Voltage Transformer，EVT）将会得到更广泛的应用。当下ECT与EVT存在抗干扰能力差、测试准确度低等缺点，尤其是电磁干扰和温度变化对ECT和EVT的性能影响较大，当影响大到一定程度时，可能引起一二次融合开关的拒动或误动，从而影响配电网运行的可靠性。

（3）故障定位技术。该技术需要解决单相接地故障研判难、研判准确度低的现存问题，适应未来新能源高比例接入情况下潮流经常性变化的情况。

（4）取能技术。传统双绕组电磁式电压互感器取能技术，由于受电力线路对地存在分布电容的影响，很容易产生铁磁谐振过电压，严重时甚至容易造成设备爆炸，同时电磁式电压互感器体积较大、安装费力、造价较高，未来会逐渐被新型取能技术所替代。较有应用前景的取能技术是电容取电技术，当前的电容取电功率较小，不足以支撑一二次融合开关长期稳定运行，需要进一步提升取电功率。

一二次融合环网柜技术研究重点主要集中在以下几个方面：

（1）集成化。通过对二次部分功能集成，采用芯片化等技术进一步将分布式DTU小型化和模块化，简化安装、替换、调试等工作。

（2）标准化。对二次接线端子排进行预制，以标准化航插代替，实现二次回路设计标准化、间隔单元接口标准化、公共单元设计标准化、通信接口标准化等应用，满足即插即用、设备间互换的要求。

（3）状态监测融合。采用物联思路，实现自动化数据和状态感知数据本地集成和融合，实现物理设备和信息系统的有机集成，具有更高的集成度、更好的整体效应，同时对操作机构和二次元器件进行密封设计，提高产品的环境耐受力和机械寿命。

一二次融合开关设备只是基础，通过融合设计实现对开关设备的运行状态监测，开发基于监测数据的物联网分析平台，为实现设备的运行状态监测、全寿命周期管理和故障诊断等功能提供支撑才是融合目的。从当前的研究来看，国内的一二次融合柱上开关和环网柜的融合程度还有一定提升空间，还需要一二次设备厂家的深层次合作、重组合作元素，向深层次融合迈进，从而加快新型智能配电开关的研制步伐。

2）应用进展

一二次融合开关适用范围广泛，目前正逐步在全国推广应用，如新建配电线路优先采用一二次融合开关；存量线路结合线路改造，逐步采用一二次融合开关取代传统配电开关。一二次融合柱上开关主要安装于架空线路主干保护分段点、大支线T接点、常用联络点、重要分界点，在投资允许的情况下，长线路主干线上可选用快速动作的磁控开关，实现更短的级差配合；一二次融合环网柜主要用于电缆主干线路上的环进、环出和馈出点。

3. 发展展望

为了适应配电网"数字化、智能化、网络化"发展的需求，需以坚强灵活的配电一次网架为基础，以一二次融合成套设备的标准化、精益化、智能化为手段，加强自动化装备的应用，健全完善中低压配电的智能感知体系，实现配电设备状态的全面感知、在线监测、主动预警和智能研判。

根据配电标准化、精益化、智能化的发展趋势，一二次融合成套设备在中压配电网中的应用规模将逐渐提升，逐步全面启用馈线自动化功能，将馈线自动化与配电网分级保护相结合，最小化地快速隔离故障区。利用一二次深度融合技术的发展，融合采集、通信、控制等功能，并结合智能型就地馈线自动化技术，实现设备的广泛互联、状态的全面感知、决策的快速智能、运维的高效便捷。

4.1.2 智能变压器

1. 概述

智能变压器是一种能够在智能系统环境下，通过网络与其他设备或系统进行交互的变压器。其内部嵌入的各类传感器和执行器在智能化单元的管理下，保证变压器在安全、可靠和经济条件下运行。出厂时将该产品的各种特性参数和结构信息植入智能化单元。运行过程中利用传感器收集到实时信息，自动分析目前的工作状态，与其他系统实时交互信息，同时接收其他系统的相关数据和指令，调整自身的运行状态。

智能变压器是传统变压器与物联网技术、传感器技术、数据处理技术的深度融合，具备自我检测、自我诊断能力，可以代替人员完成运行巡视、试验检测等工作，降低运维成本，提升管控效率。可以对变压器状态进行快速感知、实施诊断和预警信息推送，并将数据上传至平台层，同时可以利用阈值判断、趋势判断及同类同型状态参数纵横比较等实时预警模型，预测自身状态的劣化趋势，诊断自身缺陷类型和严重程度，及时推送预警和运维决策信息，辅助调整运维策略。

2. 研究及应用进展

1）研究进展

（1）技术特点

智能变压器基于配电变压器本体，增设一套传感系列产品和传感控制单元，进行一体化和智能化升级。

① 智能传感

选取与变压器同寿命，低成本、小型化、结构简单，易与变压器集成的智能传感器。内置型传感器在电、磁、热场作用下与变压器油具有良好的相容性；外置型传感器应适应全天候户外运行条件。

② 一体化集成

综合考虑电气、机械、信号引出等因素，合理布置内置传感器，实现产品的紧凑小型化；应考虑户外全天候运行条件，对二次控制线布局进行合理设计，确保产品安全稳定运行。

③ 传感控制单元智能分析

采用传感控制单元实时采集各传感器数据，利用边缘物联代理的边缘计算能力，采用智能分析微应用，实时分析配电变压器的运行状态，及时上报各类异常信息及可能原因，实现配电变压器全息感知。

④ 高效传输

传感控制单元与边缘物联代理装置采用RS-485、HPLC、微功率无线等多种方式连接。

（2）技术路线

智能变压器的发展与自动化控制水平、器件及材料的发展密切相关。采用组合集成技术形成智能组合式变压器，将传统变压器器身、开关设备、熔断器、分接开关及相应的辅助设备进行组合，从单一只具有变电功能向带有强迫风冷、功率计量、计算机接口等多功能方向发展，在高压回路电压控制、保护，低压回路投切、无功补偿等方面采用计算机智能控制，使其具有全程全自动功能。通过引入智能化接口，实现设备保护、数据处理、状态控制、优化运行、状态显示等功能，从而使变压器成为一种多功能、智能化、随时处于最佳运行状态的电气设备。

（3）功能要求

智能变压器基于智能控制系统实现各项控制功能与外围功能，其主要功能如下。

① 在线检测功能

实时监测在线运行变压器的负荷情况和有关数据，如输出电流和电压、变压器油顶层温度、用电量等，并可随时调取变压器任一时段的各项运行参数。

② 故障控制

故障控制主要有过负荷控制、断电控制、缺相欠压控制、过电压控制、油顶层温度控制等。

a. 过负荷控制

变压器允许正常过负荷，过载时变压器可自动切断输出。在切断输出前10min报警，并将信息发送给管理人员，提醒及时调整负荷，以达到限流、限容的目的；切断输出后间隔1min自动恢复投入，在连续恢复3次自动投合后，将不再自动投合；若未能合上，则待管理人员处理后经人工指令合闸，恢复正常负荷和原控制程序。当一相发生过负荷时同样可以实施控制，以保证三相输出的相对平衡。

b. 断电控制

当配电网络停电后恢复供电时，控制系统自动合闸投入正常运行。

c. 缺相欠压控制

当缺相或欠压（包括单相欠压），且低于额定电压75%时予以报警切断，可有效保护用电设施的安全使用。

d. 过电压控制

当电压超过额定电压20%时，予以报警提请管理人员处理。

e. 油顶层温度控制

当油顶层温度达到85℃时发出15min报警；当达到95℃时自动切断；当降至85℃以下时可恢复投运。这样可延长变压器的使用寿命。

2）应用进展

智能变压器在配电网，特别是农村配电网中发挥了较大作用。由于农业生产的季节性和农村务工人员的流动性，导致农村电网负荷波动较大，负荷小时变压器利用率低，负荷大时变压器容易过载。配电变压器距变电站较远，负荷重时末端电压较低；调高变电站出口电压，负荷轻时线路电压则过高，会烧毁用电设备，低压三相负荷不平衡情况普遍存在，影响了变压器出力，并增加了损耗，严重时会烧毁配电变压器，从而影响配电变压器的正常运行。通过变压器自带的有载调容、调压智能控制器自动检测及判断客户负荷大小和变压器进线电压，在变压器不断电的状态下，对变压器不同容量和电压挡位进行自动切换，从而实现对运行过程中的变压器容量和电压进行自动调节。通过智能变压器的应用，可以达到节能降损的效果，智能变压器在负荷峰谷时期可以自动调整容量，降低配变空载损耗，并调节三相有功不平衡负荷至平衡状态，以降低变压器的运行损耗并延长变压器的寿命。

4.1.3　中压开关智能化

1. 概述

随着我国电力系统的不断发展，中压开关因其作用、功能不同大概分为隔离开关、负荷开关、跌落开关和断路器等几大类。中压开关作为输变电中不可取代的一部分，逐渐向着智能化方向发展，配电网的自动化是实现智能电网的核心环节，而配电网自动化的实现需要以中压开关的智能化为前提条件。中压开关在配电网中是对电能进行传输、分配与控制保护的设备，其智能化水平及应用状况直接影响智能电网的建设与发展。

2. 研究及应用进展

1）研究进展

（1）技术特点

跌落开关、负荷开关、隔离开关和断路器都是用来闭合和切断电路的电器，但是它们在线路中所起的作用不同。其中，断路器可以切断负荷电流和断路电流；负荷开关只可切断负荷电流，短路电流是由熔断器来切断的；隔离开关则不能切断负荷电流，更不能切断短路电流，只能用来切断电压或允许的小电流；跌落开关用来隔离加在限流熔断器上的电压，具备了隔离开关的功能，给检修段线路和设备创造了一个安全的作业环境，增加了检修人员的安全感。

（2）技术路线

负荷开关是可以带负荷分断的，有自灭弧功能，但它的开断容量很小很有限。隔离开关一般是不能带负荷分断的，结构上没有灭弧罩，隔离开关可以形成明显断开点，大部分断路器不具有隔离功能，也有少数断路器具有隔离功能。隔离开关不具备保护功能，负荷开关的保护一般是加熔断器保护，只有速断和过流。断路器的开断容量可以在制造过程中做得很高，主要依靠加电流互感器配合二次设备来保护，可实现短路保护、过载保护、漏电保护等功能。

（3）功能要求

隔离开关没有灭弧装置，所以只适合切断无负荷的电流，无法切断负荷电流和短路电流，所以隔离开关只能在电路安全断开的情况下才能安全地进行操作，并且严禁带负荷操作，以免造成安全事故。负荷开关有灭弧装置，具备一定的灭弧能力，但是不如断路器的灭弧能力强，其可以分合正常的工作电流，无法分断短路电流，所以负荷开关一般配合限流熔断器一起使用，在过载或短路时由熔断器断开电路。断路器的灭弧能力很强，可以分合正常工作电流，也可以分合故障电流。断路器的保护功能是通过继电保护装置实现的，线路是否有故障由继电保护装置判断，断路器只按照继电保护的指令执行分闸。跌落开关是10kV配电线路分支线和配电变压器最常用的一种短路保护开关。

2）应用进展

柱上隔离开关分闸后，建立可靠的绝缘间隙，将需要检修的设备或线路与电源用一个明显的断开点隔开，以保证检修人员和设备的安全。

柱上负荷开关一般采用柱上真空负荷开关。真空负荷开关采用真空灭弧、SF6绝缘，为三相共箱式，采用VSP5电磁或弹簧操作机构，可内置电流互感器，电缆或端子出线，可内置隔离断口，采用吊式或坐式安装。

柱上断路器是指在10kV配电线路电杆上安装和操作的断路器，俗称"看门狗"，它是一种可以在正常情况下切断或接通线路，并在线路发生短路故障时，通过操作或利用继电保护装置，将故障线路手动或自动切断的开关设备。

跌落开关可以装在负荷开关的电源侧，也可以装在负荷开关的受电侧。跌落式熔断器安装在10kV配电线路分支线上，可缩小停电范围，因其有一个高压跌落式熔断器明显的断开点，因此具备了隔离开关的功能，给检修段线路和设备创造了一个安全作业的环境，从而增加了检修人员的安全感。

4.1.4 智能箱式变电站

1. 概述

智能箱式变电站又叫预装式变电所或预装式变电站，简称智能箱变，其作为电网中的连接节点，用来变换电压、汇集和分配电能。智能箱变是受电、变电和配电一体化的成套设备，具有结构紧凑、体积小特点，可深入用电负荷中心，便于向高效率、低污染、美观化、无人化、智能化、信息化的方向发展。

现阶段箱式变电站主要在住宅供电方面应用较多，在实际应用中，该结构会通过电力电缆和10kV开闭所进行连接，以该场所作为发出点，对于电能进行初步分配。初步分配的电能会通过环网柜、分接箱进行再次分配，这样可以实现电能的优化分配。从实际应用情况来看，如果服务的区域建筑物较少，那么在应用中使用电缆分支箱加环网式箱变方式便可满足基础的应用需求；若服务的建筑物数量较多，则一般采用环网柜加环网式箱变方式实现供电分配所需。

在电网智能化与信息化的实现过程中，智能箱式变电站始终扮演着重要的角色。作为整个配电网络里重要的中间节点，智能箱式变电站通过智能监控运维系统，可以监测配电系统的运行状态，对状态进行判断并完成相应控制，将全部信息实时发送至监控中心，对提高电能的灵活配置及供电可靠性具有很大作用。得益于多种智能化技术的支持，这些智能监控系统可以对变电站实施全方位监督，并对相关线路、设备等的运行状态、模式进行全天候监测，从而让智能箱变技术实现全新升级发展。

2. 研究进展

1）技术特点

智能箱式变电站主要体现在以下几个方面：

（1）箱式变电站的故障检测和维修

在不是有效接地系统的线路中，能够对于选线产生较大影响的就是运行变量和其他一些参数，不同的运行变量和参数可能会造成不同的误差。因此，可以运用消弧线圈作为接地系统来消除这一问题，利用FTU捕捉零序电压和电流可以精确定位所发生故障点的具体位置，然后将此数据记录并上传到计算机，运行维修人员就能够及时发现并进行隔离、维修，以避免电力安全事故的发生。这些功能是传统变电站所不具备的，也是箱式变电站智能化的体现之一。

（2）箱式变电站GPRS无线通信系统

无线通信在现在的各个领域运用得非常广泛，因为其具有覆盖面广、容易进行维修、收费制度明确等优点。另外，GPRS作为一种通信工具，其信息传输的速度极快，可以满足箱式变电站对于距离遥远的要求，是箱式变电站系统很多通信问题的最好解决方案。

（3）箱式变电站电能质量检测和分析功能

箱式变电站作为一种电路配送设备，其目的是配电和送电，因此就必须要保证所送出的电能质量。在电能检测方面，最常用的三个参数就是三项不平衡率、谐波大小及电压的合格率等，这些参数的检测可以利用箱式变电站的智能化设备来实现。除此之外，电压的突然波动、电压不稳定和电压过低等问题的发生，也可以利用箱式变电站的智能化设备来分析，从而提出最佳解决方案。

通过智能箱式变电站，不仅能够实现供电公司对电能传输与利用的监控，还能保证用户的用电安全。同时，考虑智能箱式变电站深入用电负荷中心的集群效应，应进一步加强箱式变电站的智能化和信息化运维管理。

2）功能要求

在全面建成智能电网的要求下，智能箱式变电站作为其中实现电能传输、转换和分配的关键成套设备，扮演着越来越重要的角色。智能箱式变电站在智能电网的应用中，相比传统变电站的优势主要体现在以下几个方面：

（1）节约空间和建造成本

箱式变电站在结构上采用紧凑型设计，将变压器本体放入封闭的外壳箱体中，整体占地面积很小，大大节省了空间。该特点从结构层面为智能箱变深入用电负荷中心打下基础。

（2）安装方便

智能箱变整体在制造厂已经过调试并检验合格，只需将整套合格箱变安装在要求的地点，经过现场调试即可投入使用。该特点使安装时间和人力成本都大大降低，具有一定的经济性。

（3）安全可靠性高

与传统变电站相比，智能箱式变电站在结构上多了一个封闭外壳。该壳体一般具有较高的防护等级，可达到IP2X和IP3X级，甚至更高。将变压器等设备放入该壳体后，可减小外界环境对变压器运行的影响，防止设备电能传输和绝缘性能的下降，从而保障供电可靠性。从安全角度考虑，由于箱体外部没有裸露的带电部分，所以不会因为外物触电引发危险或短路故障，内部高压与低压部分均安装了保护装置，从而保证了供电安全。

（4）箱变内设备组合灵活

随着技术的发展，可选择的箱变高低压侧的组线方案越来越多，可根据实际需要进行最合理的选择；高低压元器件的选择范围变广，变压器可选干式或油浸式。同时，由于箱式变电站采用了模块化组合方式，在箱变的前期设计、运行使用和后期维护等方面，可以针对各个模块进行相应操作，从而提高整个智能箱变的运维效率。

（5）智能化的运维管理

电网工作人员通过在线监控系统就可以查看智能箱式变电站的各种运行数据，对箱变的数据进行分析并结合数据完成操作。

3. 发展展望

智能箱式变电站依据其不可替代的优势，在推进光伏工程、风电工程、船舶岸基供电工程，甚至轨道交通等应用领域的规模发展发挥了重要作用。

随着智能电网建设的加快，未来箱式变电站发展为采用一体化智能开关柜，将一次断路器、电子式流动电压互感器与电网质量管理设备筹集为一体，向模块化、操作方便、低成本等方向发展，实现自适应，支持动态在线整定、状态检修等。箱式变电站向智能化方向发展，应急移动式智能变电站诞生，变电站采用模块化制作，具有结构紧凑、装备完善等特点。随着我国经济的高速发展，智能电网建设规划要求用电设备安全可靠，对智能箱式变电站的市场需求扩大。由此可以预见，通过具有通信能力的元器件与系统（主站）进行连接，实现主站与端之间的通信，未来具有遥测、遥信、遥调、遥控功能的智能箱式变电站将是发展热点。

4.1.5　智能低压综合配电箱

1. 概述

智能低压综合配电箱适用于城乡电网杆上公用配电变压器低压侧安装，简称"JP柜"，适用于额定工作电压为400V、额定频率为50Hz、额定电流为630A及以下的配电系统中，户外柱上安装使用。综合配电箱（JP柜）是集电力负荷监测、电能分配、自动化控制、重合闸、电能计量、预付费、远程遥测、微机保护、过载、监测补偿、电能质量监测等配变数据监测采集自动化控制记录于一体的低压综合配电装置，广泛应用于城网、农网改造等。

智能型JP柜采用"立式"与"挂式"两种方式安装在变压器下方。箱体材质可根据要求选用304不锈钢板材或SMC材质。箱体分为总进线室、计量室、配电室、无功补偿室四个独立部分。箱内电气元器件安装通信化、模块化，接线简单，维修方便。

2. 研究及应用进展

1）研究进展

（1）技术特点

① 低压配电

JP柜设进线熔断器式隔离开关或智能塑壳断路器，配置出线开关。出线路数与开关容量应根据配变容量及供电公司的要求配置。

② 变压器保护

进线刀熔开关和出线开关都具有过载短路保护功能，可以保护变压器。出线开关具备断相保护功能，以保护用户设备不受缺相危害。

③ 电能计量

JP柜中应安装电流互感器等装置，公变采集终端具备电能测量功能。计量数据可用于收费和线损考核等。

④ 配变检测

通过公变采集终端（融合终端）进行配变运行参数测量、统计，并通过与远程主站系统的数据交互实现配变在线监测功能。

⑤ 无功补偿

JP柜中配置补偿元器件。根据客户需求可以实现电容器补偿、精细补偿等。补偿容量可以按常规30%配置，也可以按客户需求配置。无功补偿控制器带通信设备，可以实现远程实时监控。

⑥ 剩余电流检测和保护

具备剩余电流动作保护功能（漏电保护）时，其功能应满足《剩余电流动作保护装置安装和运行》（GB 13955—2005）、《剩余电流动作保护器的一般要求》（GB 6829—1995）的要求。

⑦ 远方控制

根据应用需求配置可远方控制功能，此时应选择具备控制功能的采集终端（融合终端）。终端根据主站系统的命令对每路出线开关实施远方跳闸与合闸控制。

⑧ 低压集抄

配电箱中预留位置安装集中器实现低压用户集中抄表，也可搭配新版融合终端完成低压抄表工作。

⑨ 防雷保护

配电箱中安装避雷器，以有效防止雷击过电压和操作电压引起的损害。

⑩ 温、湿度控制

可以根据客户需求加装温、湿度控制器实现温、湿度控制。

（2）功能要求

额定工作电压：AC 400V。

额定绝缘工作电压：AC 690V。

额定频率：50Hz。

额定电流：200A/400A/630A/800A。

短路分段能力：15kA/35kA/50kA。

补偿容量：变压器30%或客户需求。

箱体材料：304不锈钢，SMC，具体按招标规范。

配电箱构成：由进线单元、计量单元、无功补偿单元、出线单元、台区智能融合终端等部分构成。

智能低压综合配电箱通常配置智能开关、智能电容器、台区智能融合终端等元器件，满足智能物联网的运行要求。

① 进线单元

智能电压综合配电箱进线应选用智能塑壳断路器，箱体侧上部采用绝缘线或电缆接入，接入处空间应满足300mm²截面单芯低压电缆转弯半径及应力要求。

进线单元内预留标准计量专用穿心式电流互感器的安装位置。

进线智能塑壳断路器应具备RS-485，兼容HPLC和RF通信接口。HPLC和RF通信接口支持跳频、冲突避计、载波伴听功能。进线智能塑壳断路器应具备电压、电流、电量、功率等数据的采集和传输，电流、电压的测量精度不低于0.5S级，有功测量精度不低于1级，无功测量精度不低于2级。HPLC和RF通信单元支持互联互通，并内置后备电源，支持失电后1min的通信能力，将运行状态信息上传。

② 计量单元

电能计量装置的选择、安装、校验等应符合相关标准要求。根据不同地区的要求，选择不同的表计和计量方式，计量电流互感器、电能表由供电公司提供。

③ 出线单元

装置出线采用一体式智能剩余电流保护塑壳断路器，要求具备明显断开标识。

断路器不带失压脱扣器。一体式智能剩余电流保护断路器为电子式、带通信功能，应符合《剩余电流动作保护器选型技术原则和检测技术规范》（Q/GDW 11196）的规定，并与台区智能融合终端进行通信，具备RS-485，兼容HPLC和RF通信接口。

④ 无功补偿单元

无功补偿单元至少应满足《低压成套无功功率补偿装置》（GB/T 15576）的规定，应选用小容量智能电容器组配，实现精细补偿，防止过补偿。电容器本体应选用低压自愈式电容器，其电压参数宜大于1.1倍系统运行额定有效值电压。智能电容器的内部投切元件应采用可控硅复合开关、电磁继电器式开关或其他无涌流投切开关，要求实现电压过零时投入，电流过零时切除。电容器在电网中切除后，能满足3min之内将残压控制在50V以下。无功补偿单元应具备RS-485通信接口，具备与台区智能融合终端通信的功能。

⑤ 台区智能融合终端

智能低压综合配电箱应配置台区智能融合终端，终端功能应以应用软件方式实现，支持就地化数据存储与决策分析。终端应遵守Q/GDW 12098—2021的相关规定，支持"云管边端"的智慧物联体系架构，可接入配电自动化系统主站、用电信息采集系统主站、物联管理平台。各类物联网化低压设备需具备与台区智能融合终端的通信能力，通信方式采用RS-485、HPLC和RF、微功率无线方式。

2）应用进展

目前智能型低压综合配电箱的各省网招标规范不一，结构配置多样化，智能开关配置多样化，没有统一的标准。未来将从以下两个方面发展：

（1）统一标准化设计

在现有国网典设计的基础上，进一步统一标准。统一柜体结构尺寸、统一开关尺寸、统一电容尺寸，以及统一各元器件技术参数标准，做到不同厂商间的元器件可互换。

（2）智能化设计

配置智能开关、智能融合终端、智能电容器等其他元器件，更好地满足当前物联网化发展的需求，实现台区数据的实时监测，减少停电时间，运维检修方便。

随着科技水平的提升和我国电网的迅速发展,人们对电网的运行目标提出了更高的要求。良好的智能综合配电箱设计可以有效完成电能和数据的测量采集,确保采集数据的及时性,提高设备精度,降低区域占用空间,强化设备联系。智能综合配电箱兼具控制系统和管理系统,可在配电地域,如农网、城网方面进行广泛使用,不仅功能多样、实用经济,可靠性也非常高,适用于各中小型配电管理企业。

4.1.6 低压智能交直流断路器

4.1.6.1 低压智慧开关

1. 概述

2019年国网公司"两会"提出,要全面推进"三型两网"建设,国家"十四五"纲要提出加快电网基础设施智能化改造。为应对智能电网、数字化电网的建设,南方电网公司也推出智能开关产品,以解决现有开关难以满足电网全面、实时分析处理的要求。随着智能电网、电网数字化建设的持续推进,我国发电侧、输电侧的智能化技术已经达到国际先进水平,而配用电侧相对来说比较薄弱,制约了供电安全性、经济性与可靠性的进一步提升,需要通过建设一流配电网,以及与之相适应的配电物联网来补齐短板。

2. 研究及应用进展

1)研究进展

(1)技术特点

在产业结构调整、降低国内生产总值的能耗、"双碳"目标、新型电力系统等的发展背景下,新一代节能、节材、高性能的低压电器产品将得到更大发展,尤其以智能化、模块化、通用化、可通信为主要特点的新一代低压电器——智慧开关将成为市场主流产品。

智慧开关具有以下特点:

① 可进行远程控制。可以远程进行分合闸控制,减少人工成本,提高运维效率。

② 测量精度高。最高精度在0.5%以内,保证参数的准确性和可靠性。

③ 具备谐波分析功能。进行数据收集及分析,通过谐波计算分析提供解决电能质量问题的数据支撑。

④ 自动跟踪保护定值。具有统一的接口定义,可避免由于单个零部件的损坏而使整机更换的问题,即使不同厂家的模块也可以互换。

(2)技术路线

传统开关多为机械式,非智能开关,一般具备通断、RS-485通信(非标配)、漏电保护功能。智能开关在传统开关基础上堆叠式增加了载波通信、计量和工频畸变方式的拓扑功能。随着技术的进步和配电物联网建设对开关的需求,智慧开关通过采用轻量型核心板,将计量、测温、通信和边缘计算高度集成,利用大数据计算结合SNR、高精度电压、电流数据采样和精准拓扑识别算法,实现台区物理拓扑,支撑精益线损分析、故障研判和故障精准定位等深化应用，提高台区精益化管理和供电服务水平，如图4-3所示。

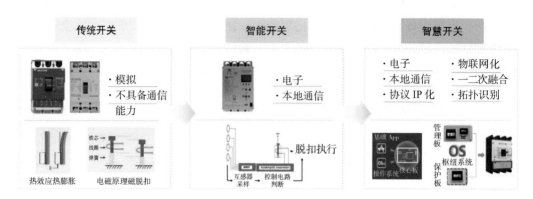

图4-3　开关技术演进路线

采用硬件平台化、软件App化的设计思路，通过国产化芯片设计，降低产品成本，进一步扩大应用范围，保证电网数据的安全和可靠性，大力支撑智慧电网提升智能感知、可观测、可控制、完全自动化和系统综合优化能力。边缘终端通过智慧开关等物联网端侧智能设备，使用特征捕获分析和大数据算法实现台区拓扑的自动识别和建档；通过HPLC技术、高精度测量技术和先进的传感技术实现数据可视化、状态全感知，并为计量箱内电能表失准和低压台区线损分析提供有效的数据支撑，提升低压配电网故障研判能力，降低运维成本，全方位提升低压台区的管理水平和用户体验。

（3）功能要求

智慧开关属于"控制与保护开关电器"范畴，是低压电器中的新一代产品，其采用模块化的单一产品结构形式，集成传统的断路器（熔断器）、接触器、过载（或过流、断相）保护继电器、起动器、隔离器等低压电器的主要功能，并且在智能开关测量、通信、拓扑识别的基础上，以智能化、故障隔离与切除、模块化、自动化运维为主要特点，继承融合终端物联网化和App化设计，能够实现全面保护、量测及分析、设备自诊断、通信自描述、全面感知、远程控制等多种功能的整合，可支持低压台区线损分析、故障研判和故障精准定位等业务应用。

智慧开关是建设智能配电网的重要基础和支撑，开关设备的自动化和高级智能应用是实现智能配电网的重要表现。配电网智能开关，除对开关的遥测量、遥信量进行监测，以及执行遥控功能外，还对其工作状态和开关设备的运行温度进行在线监测，并实现对其远程/当地操作。

2）应用进展

智慧开关集微电子、新式传感器和计算机技术于一身，通过新式传感器与数字化控制设备互相配合，在故障出现时及时保护，并上报故障信息，以便工作人员采取相应措施。除漏电保护、通信等基本功能外，智慧开关将国产自主芯片融合到断路器产品中，集多功能保护、高精度测量、边缘计算、多种通信方式于一体，为低压配电系统提供安全保障。

应用智慧开关可实现配电网系统全节点的数字化、智能化,支撑台区精益化线损分析、故障精准定位、停电到户分析等。目前的智慧开关有不同的容量,能满足不同的应用场景,容量大的低压智能断路器可应用于配电柜、分支箱等,容量小的智能微断路器可应用于表后开关等居民供电场景,低压智能量测开关采用电力线载波、高精度测量和近距无线通信等先进技术,实现计量箱用电情况和设备状态的感知与监测,可用作表前开关。

(1)台区拓扑识别

智慧开关采用容器和边缘计算技术,支持App化部署。利用开关的高精度计量和电能量守恒原理,通过对电流、电压等数据的综合应用,基于大数据的模型算法实现台区拓扑。该种方式无须向系统注入信号,安全稳定性得到大幅度提升,如图4-4所示。

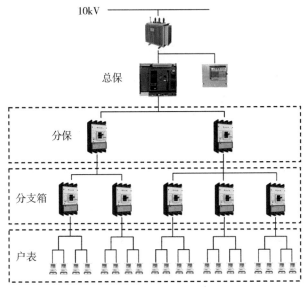

图4-4 台区拓扑识别图

(2)线损分析和防窃电分析

利用开关的高精度计量和拓扑功能,在拓扑基础上实现分段线损分析和防窃电分析。

(3)故障研判和停电事件上报

基于智慧开关拓扑、计量和柱头测温相关功能,与台区智能终端配合,通过分级部署的功能故障研判App,实现对配电网台区线路运行状态的监测,综合利用电气量和非电气量数据,实现台区运行故障研判和定位功能,并将数据上传至主站系统,支持主动化运维等业务需求。

3. 发展展望

作为配电台区的核心组件,电力物联网的战略规划对作为重要"端"设备的开关智能化,提出更新的要求,例如,能够实现全面保护、量测及分析、设备自诊断、通信自描述、全面感知、远程控制等多种功能的整合,实现保护功能就地决策,能支撑低压配电网的故障保护和隔离，快速、准确地切除故障。

未来智慧开关将进一步提高拓扑识别准确率和即插即用效率等性能，并不断完善，通过拓扑识别功能和即插即用功能，实现网络自动重构，便于故障的精确定位，提高网络拓扑的合理性及运维效率也是未来的发展趋势。

4.1.6.2 智能换相开关

1. 概述

在低压配电网中，由于用电负荷复杂，地域广泛，且多为单相用电负荷，以及各用户用电习惯和用电负荷的随机性，使得配电网负荷三相不平衡问题始终存在。配电网负荷三相不平衡给电力系统和用户带来经济损失及风险，如增加配电变压器、线路损耗、电能质量降低、影响电动机的功率输出并造成其绕组温度升高、起动元件保护装置误动作和用电设备不能正常工作或损害、使用寿命大幅度缩减等。

针对低压配电网三相不平衡问题，国家电网公司和南方电网公司近来均加大工作力度，并进行专项整治，这是为适应我国配售电改革新形势的需要，也是提高配电网电能质量的积极举措。国家电网颁布的《国网运检部关于开展配电台区三相负荷不平衡问题治理工作的通知》（运检三〔2017〕68号）文件中明确提出要解决三相负荷不平衡问题。换相开关式三相不平衡治理装置是一种实时、智能的自动负荷调控系统，对单相负荷进行换相调度，有效地解决低压配电网三相不平衡问题。

2. 研究及应用进展

1）研究进展

（1）技术特点

换相开关式三相不平衡治理装置由主控器和换相器组成。主控器安装在配电变压器出口侧，负责采集台区实时负荷数据，分析各换相器的负荷电压、电流，形成并发送指令到换相器。换相器是换相执行机构，接收主控器的指令并执行指令。可根据台区变压器容量及不平衡的严重程度，配置一台主控器及若干台换相器。智能换相开关接入三相电源，采取三相输入和单相输出的方式，将单相负荷接入三相电源的其中一相，并在需要时使负荷在A、B、C三相间进行快速转换。

（2）技术路线

在实际工程应用中，为防止频繁换相而引起换相开关损坏，主控制器不仅要判断三相负荷不平衡度是否超过规定限值，而且要考虑配电变压器的容量及负载率。换相原则是以最少的换相开关动作次数使三相负荷不平衡度控制在规定限值以下。平衡三相负荷总是会将重载相部分负荷转移到轻载相，因此，会出现两类情况：第一类是某一相的部分负荷向另外两相转移，如A相部分负荷向B相和C相转移，或B相部分负荷向C相和A相转移，或C相部分负荷向A相和B相转移；第二类是某两相向另一相转移，如A相部分负荷和B相部分负荷向C相转移，或B相部分负荷和C相部分负荷向A相转移，或C相部分负荷和A相部分负荷向B相转移，如图4-5所示。

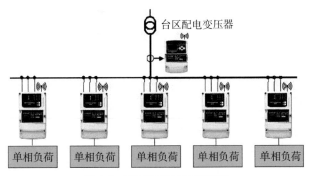

图4-5　智能换相开关配置架构

换相开关实际工作时，必须保证换相引起的断电时间不能超过20ms，且避免在换相过程中出现拉弧或涌流。过零投切换相就是在电流过零点切除原相序，在电压过零点投入目标相序，此举可以实现切除旧相序无拉弧、投入新相序无涌流。过零投切时负载电压和电流的波形如图4-6所示。

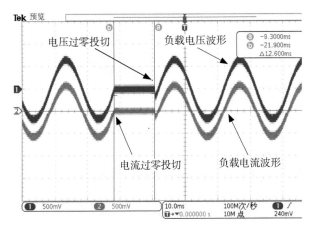

图4-6　过零投切时负载电压和电流的波形

（3）功能要求

智能换相开关的功能主要体现在以下几点：

① 自动平衡三相负载，实时监测三相不平衡度，并根据不平衡度自动调节三相负载，换相时间≤20ms，不中断用户供电、不会引起常用电器的复位和重启动，也不会对电器产生损害。

② 降低变压器损耗，使变压器处于平衡运行状态。

③ 降低线路损耗，可有效减小中性线电流，从而减小了中性线的损耗，同时也减小了相线的损耗。

④ 解决低压、过压问题和由三相不平衡所导致的低压、过压问题，避免因过压烧坏用电设备或因低压影响用电设备的正常运行。

⑤ 保护低压配电网的安全运行，避免中性线电流长期过大而导致的发热和老损，以及避免变压器等配电设备烧毁的隐患。

2）应用进展

智能换相开关与智能台区终端相结合，由台区终端完成换相开关主控制器的功能，实现台区设备集约化配置，节约换相开关系统的成本。

采用集中统一与区域平衡治理相结合的模式，其中，集中统一模式由换相开关主控部分进行台区的整体不平衡治理，区域平衡治理模式由相近的几台换相装置通过互联互通模式自主进行不平衡治理，实现区域平衡的目标。

3. 发展展望

随着技术的进步，无缝换相技术会成为发展主流。换相过程不会导致供电中断，换相时间为零毫秒，且精准可控。换相过程由电力电子器件完成，无机械触点、不产生电弧，换相结束后由永磁开关保持稳态，无损耗，换相过程无涌流，换相平稳、可靠。由于换相时间为零毫秒，换相过程仅在两相电压相等的时刻相位跳变120°，属于自然换相，因此无电压突变、无涌流。精准定位换相器确保配电网各支路逐段平衡。研究逐段压降综合算法，优先调整与线路不平衡度极值处最近的换相器，由此可明显优化线路每处的平衡度，更加有效地降低中性线电流，提高末端供电电压，对各类用电设备无不良影响。因此等电压零毫秒无缝换相技术，不会造成供电中断和电压暂降，且不影响用户用电，对感性、容性、阻性负载均可稳定、可靠换相，这将是未来的发展方向。

4.1.7 电力设施识别

1. 概述

随着我国电网建设的不断推进，构建更加完备的电力监测系统至关重要，能够为电网设施的稳定运作提供可靠保障，在电网设施出现故障或其他异常后能够及时监测并及时解决。电力监测系统的构建也离不开现代信息技术的应用，如需要利用信息载体来记录电力设施的有关信息，而RFID电子标签技术目前已经较为成熟，也已经在各个领域获得广泛运用，极大地方便了人们的生产与生活。随着互联网技术的发展，自动化管理水平越来越高，传统的条形码技术已经难以满足现代网络环境下的管理需求，这也让RFID电子标签技术的优势得到广泛关注。RFID电子标签技术能够完美取代传统条形码技术，也为电力监测系统的构建带来了新的发展方向。

2. 研究及应用进展

1）研究进展

（1）技术特点

RFID电子标签技术根据应用形式可以划分为主动标签和被动标签两大类，其中，前者由于自身具备电池，在电源的支持下读写范围更大，所以也被称作有源标签，但体积相对较大，与被动标签相比成本也更高。被动标签在阅读器产生的磁场中获得工作所需的能量，成本很低，并具有很长的使用寿命，比主动标签更小，也更轻，读写距离较近，也称为无源标签。

有源标签最主要的优势在于读写识别范围较大，因此在大型高速运动物体标识方面应用较为广泛，而电力监测系统中可以应用有源标签，如电力杆塔常用主动式超高频RFID电子标签，频段在860～960MHz，读写范围较大，确保一定距离之内都能够实现正常通信。

（2）技术路线

对于RFID电子标签识别系统来说，通常会包括阅读器、电子标签、数据处理设备、数据存储设备和系统软件等。数据处理与存储设备往往是PC，PC上一般安装有相应的系统软件与数据库管理软件。

① 阅读器

阅读器的主要作用是便于RFID电子标签的读取，偶尔也可以用于写入。阅读器通常包括无线电收发天线和数据通信及其有关的控制电路。

② 天线

天线的主要作用是在标签与阅读器之间传递射频信号，一边为无源电子标签提供电能，另一边接收电子标签发出的信息。

③ 电子标签

在RFID电子标签识别系统中，所有的标签都有着独立且唯一的电子物品标码，这些标码便是物品的"ID"，附在物体标识目标对象中。RFID电子标签则主要由芯片与天线组成，天线为镀在塑料片基中的钢膜线圈，塑料基片还嵌入了集成电路芯片。

（3）功能要求

电子标签识别系统具有扫描、自动识别和成批多个识别、非接触识别等功能特性，识别工作无须人工干预，保证快速、准确寻找目标防止误操作；电子标签具有全球唯一的特性，所标识的设备编号唯一，保证准确性；电子标签上的数据还可以加密，具有安全性高、存储数据容量大、存储信息更改自如等优点。此外，一张电子标签具有多项管理功用，资源共享，经济效益较好。

2）应用进展

在电力监测系统建设过程中，RFID电子标签技术的应用能够帮助技术人员快速掌握并理清物体信息，在配电设备、杆塔、线缆等场景已经广泛应用。

在杆塔建设完成后，便可以在杆塔固定属性上写入标签，如杆塔的编号及建设时间等，也可以通过GPS卫星定位技术来记录杆塔的经纬信息，这些信息也能够写入物体标签中。在完成标签属性的写入后，工作人员能够利用读写器将有关维护信息再写入标签中，包括杆塔的位置信息、当下的运行状况、存在的异常问题和问题的解决情况等，按照基于GPS技术的电网分布图来查询杆塔的分布位置，从而快速掌握杆塔的位置信息，为维修方案的制定提供可靠的信息支持。

针对配电设备，如台区智能融合终端、变压器等，采用RFID记录设备的台账信息，包括设备的厂家、型号和生产日期等，可以帮助运维人员掌握设备的详细信息。

3. 发展展望

配电网是能源系统的重要组成部分，其运行和管理涉及大量设备和工程，如变电站、配电线路和开关柜等。通过在这些设备和工程上安装可识别的电子标签，可以实现自动化的设备管理和运行控制，提高配电网的运行效率和安全性。

具体来说，该技术可以应用于以下几个方面：

（1）设备管理和维护。在配电设备上安装RFID电子标签，通过RFID读卡器对设备进行实时监测和管理，实现设备信息的自动化采集和管理。这种应用可以提高配电设备的识别和管理效率，降低管理成本和人工维护的难度。

（2）安全管理。通过在设备上安装RFID电子标签，在发生故障或异常情况时可以快速定位故障点，并采取相应的安全措施，保障工作人员和设备的安全。

（3）能耗管理。通过在能源设施上安装RFID电子标签，可以实时监测能源的使用情况，帮助企业优化能源消耗，降低能耗成本。

（4）远程监控和控制。通过将RFID技术与物联网、云计算等技术结合，可以实现配电网的远程监控和控制，对配电网进行实时监测和分析，从而提高配电网的运行效率和安全性。

总的来说，该技术在配电网的应用将会越来越广泛，有望成为配电网智能化管理的重要技术之一。

4.1.8 电能质量治理设备

1. 概述

在我国的低压配电网中，存在大量单相负载、感性无功负载等多样性负载，这些负载的用电随机性，给配电网造成严重的电能质量问题，主要有谐波电流、功率因数低、三相不平衡等问题。

对于公用电网来说，谐波是一种污染，它会给配电网和其他用电设备产生很多危害：

（1）谐波会造成大量3次谐波在中性线流动，导致中性线局部过热，甚至引发火灾，危及电网安全。

（2）谐波会使变压器由于额外损耗增加而过热，这会影响变压器的出力和使用寿命。

（3）谐波可能会导致配电网中的某些设备与配电网发生谐振，对配电网的安全运行造成威胁。

（4）谐波可能会对通信系统产生干扰，降低通信系统的通信质量等。

无功问题和谐波问题往往同时存在。随着电力系统的电力电子化，配电网中引入大量非线性负载。这些非线性负载在引入谐波的同时，也引入大量无功功率。此外，配电网中存在大量的传统感性负载，它们在运行过程中会不可避免地产生大量无功功率。大量无功功率在配电网中流动，对配电网的电能质量产生了极大威胁。配电网中存在的大量无功功率，会降低配电网的功率因数，对电网的安全稳定运行是不利的。无功功率的增加，会导致输电线路中的电流急剧增大，变压器和输电线路的电压损耗增加，变压器和输电线路的电能损耗也会相应大幅度增加，用电设备的使用效率降低；冲击性的无功功率会引起电网电压剧烈波动，甚至会损坏电网中的用电设备，严重时还可能破坏配电网的稳定运行而造成大范围停电事故。

三相不平衡是低压配电网中长期客观存在的电能质量问题。低压配电网采用的是三相四线制的供电模式，负载多数为单相负载，这些负载在不同相线上存在用电随机性和不确定性，三相负载的不对称接入导致了三相不平衡的产生。低压配电网的三相不平衡不仅会增大变压器和输电线路的损耗，还会使配电网末端电压降低，从而影响设备的正常运行。因此，三相不平衡问题的治理具有非常重要的实际意义。

以上几种关于电能质量的问题会给工农业生产和日常生活等造成一定损失。整合先进技术，推进低压配电网台区节能改造，全面提高综合供电能力和可靠性，建设具有经济合理、技术实用、供电质量高、电能损耗小的新型电网迫在眉睫。

2. 研究及应用进展

1）研究进展

（1）技术特点

在谐波治理方面，为了降低谐波给配电网带来的各种危害，必须对配电网中谐波进行限制。在关于谐波的规定和相关国家标准中，对各种标称电压下的谐波电压含有率、注入公共连接点的谐波电流允许值都做了明确规定和限制。如何解决电力电子设备及其他谐波源对配电网的谐波污染问题，目前有以下两个基本思路：

一是对电力电子设备进行改造，使其不主动产生谐波。这无疑会使电力电子设备的结构变得更加复杂，增加了设备的投入成本，且不易实现。

二是通过安装滤波器设备来抑制谐波。常用的滤波器设备有无源电力滤波器（Passive Power Filter，PPF）和有源电力滤波器（Active Power Filter，APF）。

PPF最早用于解决配电网中谐波问题的装置，也是目前配电网中谐波补偿的重要手段之一。其在滤除谐波的同时，还可以对配电网中的无功功率进行补偿。这种装置的优点是结构简单、成本低，但是，PPF只能针对固定范围内的谐波进行补偿。此外，它还可能会与配电网发生并联谐振，出现谐波放大问题，对PPF和配电网中的其他用电设备的运行来说，这是一种潜在的安全隐患。

APF是一种新型电力电子设备，其可以通过控制变流器产生与配电网中相同的谐波，并反向注入配电网中，从而达到谐波抑制的目的。与传统的PPF相比，配电网的阻抗特性对APF的补偿特性几乎没有影响，且不易与配电网发生谐振；它不但可以对配电网中的谐波进行集中补偿，而且有益于配电网功率因数的提高。由此可以看出，APF相对于PPF来说，有着无可比拟的优势，因而受到广泛的关注和应用。

配电网中的无功治理经历了同步调相机、并联电容器组、静止无功补偿器（Static Var Compensator，SVC）、静止无功发生器（Static Var Generator，SVG）等多个阶段。

① 作为最早应用于配电网无功补偿的装置，同步调相机可以补偿配电网中固定和变化的无功功率。同步调相机在运行过程中存在较大的电能损耗和运行噪声，运维成本高，响应缓慢，这些缺点使其慢慢退出历史舞台。

② 并联电容器组是提高配电网中功率因数的有效手段之一。与同步调相机相比，并

联电容器组具有投入成本低的优势，于是它逐步取代了同步调相机在配电网中的应用。值得一提的是，并联电容器组虽然能够补偿配电网中的无功功率，但是它可能会对配电网产生过补偿，对配电网的无功补偿不利；当配电网中存在谐波时，它同样易与配电网产生并联谐振，存在谐波放大的风险。

③ SVC是一种动态补偿无功的电力电子设备，它能快速响应配电网的无功变化，维护量小，可靠性较高，但是SVC具有非线性的阻抗特性，它的使用必然会导致谐波电流的产生。同SVC一样，SVG也是一种电力电子型的无功补偿装置，但其响应速度比SVC更快，补偿效果比SVC更好。同时，SVG具有一定的谐波补偿功能，其在高压大容量场合具有广泛的应用。

三相不平衡是低压配电网中存在的电能质量问题之一。目前，治理三相不平衡问题的手段主要有负荷相序平衡、配电网重构和负荷补偿。

① 负荷相序平衡方法有人工换相和自动换相两种，它们都是通过将供电线路各相上的负荷进行均衡再分配，从而达到三相不平衡治理的目的。但是，用电负荷存在随机性和不确定性，依靠人工换相不可能实现负荷的实时平衡，这可能会影响用户的用电可靠性，并且存在较大的安全隐患。为了弥补人工换相的不足，部分地区开始试点自动换相器，以降低配电网的三相不平衡度。

② 配电网重构是治理三相不平衡的有效手段，但是配电网重构的控制算法复杂，目前仍处于理论研究阶段，在实际应用中并不多见。

③ 传统的负荷补偿方式是在不平衡相上投切电容器或电抗器，其改善三相不平衡的同时还可以补偿无功与谐波。该方法的控制结构简单、投入成本较低，目前仍是我国主要的三相不平衡补偿方式。在实际运行中，该方法难以准确、迅速地对不平衡负载进行补偿，同样存在过补偿的问题，并且调节范围和调节精度都有限，因此常用于负荷变化慢、补偿性能要求不高的场合。

对于一些非线性、冲击性负荷造成的三相不平衡，传统的补偿方式已经不能有效解决该问题。SVG具有远远高于无源补偿系统的响应速度和调节精度，相比于无源补偿系统，其可靠性更高，设备故障率更低；与SVC相比，其灵活性更强，可以对三相不平衡进行无级补偿，因此具有更广泛的应用前景。

（2）技术路线

目前，在低压配电网电能质量的治理过程中，只是单纯地针对某一方面或某几个方面进行治理，并没有一种系统可以同时治理系统中的无功、零序、负序、谐波、三相不平衡等电能质量问题。

当前低压配电网的工况条件复杂，单纯的谐波补偿、无功治理或三相不平衡治理已经不能满足现实需要。在当代低压配电网中，非常需要一种具有多功能补偿的电能质量优化系统，用一种系统来实现多种系统的功能。这种多功能系统能够实现综合调控，大大降低了配电网的复杂程度。因此对这一类系统进行研究具有非常深远的意义。

虽然统一潮流控制器（Unified Power Flow Controller，UPFC）和统一电能质量控制器（Unified Power Quality Controller，UPQC）能够完美地综合解决系统的谐波、功率因数低、三相不平衡及中线电流等电能质量问题，但存在设备投入和维护成本高、技术不够成熟等缺点，因而目前在低压配电网中并没有得到广泛应用。

电能质量综合优化系统（Multifunction Electricity Controller & Optimizer，MEC）具有与APF、SVG相同的主电路结构，其集成了APF与SVG谐波补偿、无功治理、不平衡补偿、中线电流补偿等功能。

随着新型电力系统的建设和快速发展，多功能、低成本、小型化的电能质量治理设备是未来的发展趋势。

2）应用进展

通过运用电能质量治理装置，可以对线路无功、零序、负序、谐波、三相不平衡等电能质量问题进行治理，从而可以提高企业电能质量，减小间谐波造成的损失，减小无效损失。

电能质量综合治理装置投入使用后，可以消除企业电气设备的无功损耗，抑制间谐波污染，降低低压系统的三相不平衡度，提高供电质量和电功耗的经济性，延长电压互感器、开关零配件、导线及电缆的寿命。

4.2 配电智能终端

4.2.1 台区智能终端

1. 概述

全球进入互联网和数字经济时代，能源革命和数字革命融合发展趋势日益明显。作为能源革命中心环节的电网，从技术特征和功能形态上看，正向能源互联网演进。国家电网公司于2020年召开的"新基建"第一次会议提出，加快建设具有中国特色国际领先的能源互联网企业。中低压配电物联网是电力物联网的重要组成部分，具备边缘计算能力的台区智能终端、边缘物联代理设备是中低压配电物联网建设的核心，打破传统物联网纵向封闭模式，为现场通信网络和广域传输网络建立"枢纽"，是实现感知层数据采集、边缘计算、安全接入、隔离传输的重要边缘设备，为提高电网规范化管理能力提供有效支撑。台区智能终端依照配电台区信息采集终端融合技术方案设计，集台区配用电信息采集于一体，实现设备间即插即用、互联互通，支持营配数据同源采集，通过边缘计算赋能，支撑营配业务应用，提升客户服务水平。

南方电网公司自"十三五"以来，始终坚持对数字电网的探索与实践，深刻把握数字经济、云大物移智等新技术与经济社会各领域跨界融合的契机，促进能源与现代信息技术的深度融合。强调要进一步加快电网数字化转型步伐，加强智能输电、配电、用电建设，以电网的数字化、智能化建设，促服务智慧化，全力提升用户获得感。配电台区建设应用具备边缘计算能力的配电智能网关，采用直采直送的原则，通过有线无线等通信方式，接入本地各类终端设备，就地分析计算，实现智能配电全量数据的采集，全面支撑"可测、可视、可控"等智能监测、监控技术方案，全面适应智能配电网及数字电网未来的发展要求。

2. 研究及应用进展

1）研究进展

（1）技术特点

台区智能终端是智慧物联体系"云管边端"架构的边缘设备，具备信息采集、物联代理及边缘计算功能，支撑营销、配电及新兴业务。智能融合终端是低压配用电物联网的边端核心设备，采用硬件平台化、功能软件化、结构模块化、软硬件解耦、通信协议自适配设计，满足高性能并发、大容量存储、多采集对象需求，集配电台区供用电信息采集、各采集终端或电能表数据收集、设备状态监测及通信组网、就地化分析决策、协同计算等功能于一体。终端采用工业级、模块化、可扩展、低功耗的设计标准，可适应复杂的运行环境，具有较高的可靠性和稳定性。

在"云管边端"的配电物联网总体架构下，配电设备将拥有更高的数据采集广度和深度，业务体系架构也由传统的配电六大业务，即配电网调度管理业务、配电运检管理业务、配电自动化管理业务、供电服务指挥业务、配电网工程管理业务和接入工程管理业务，衍生成了"云管边端"框架下的四大业务应用群：云主站智能应用（大数据AI）业务、"边"侧应用业务、数据应用业务和"端"设备应用业务，如图4-7所示。

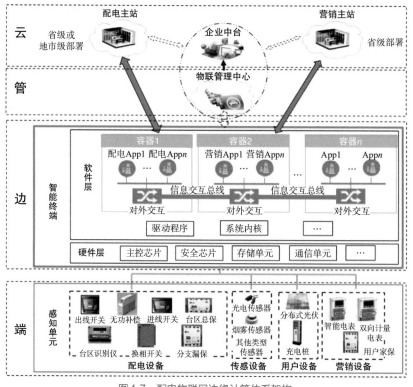

图4-7　配电物联网边缘计算体系架构

台区智能终端应用"软件定义终端"的设计概念，以强大的边缘计算能力为保障，通过App应用软件的方式，灵活升级或增加业务功能，解决了传统终端类设备软硬件紧密耦合、功能封闭、升级困难的问题；通过采用国产自主可控的安全芯片、国密算法，保证了配变终端的信息安全。台区智能终端可灵活接入并采集智能电表、各类用电采集终端、充电桩、三相不平衡治理装置、漏电保护器等各类低压智能设备的运行数据，如图4-8所示。

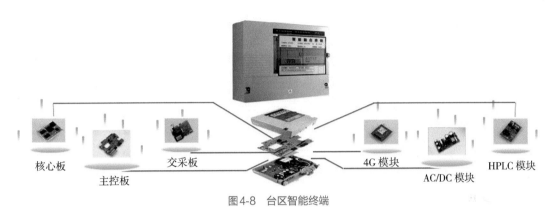

核心板　　　　　　交采板　　　　　　　　4G 模块　　　　　HPLC 模块
　　主控板　　　　　　　　　　　　AC/DC 模块

图4-8　台区智能终端

台区智能终端支持HPLC、HPLC+RF、RS-485等本地通信方式，实现与开关、无功补偿器、温度传感器、户表箱等低压配电末端设备的连接，通过配置不同功能的App，采集末端数据并通过内置数据中心实现数据共享。配置在不同容器中互不干扰的App根据模型需求，从数据中心获取基础数据并进行计算，支撑设备监测、低压拓扑、故障研判等各类功能需求。

台区智能终端本体由硬件层和软件层组成。硬件层由主控芯片、安全芯片、存储单元、通信模块等构成；软件层由驱动程序、系统内核等组成。采用容器技术实现多个容器同时运行，实现系统进程及资源的隔离，支持容器间的数据通信，实现营配数据交互共享；营销与配电应用可分别安装在各自的容器内，通过应用App实现所需的所有功能。远程通信终端支持无线公网/专网等通信方式，可将数据分别上传到物联管理平台、配电自动化主站和用采主站，本地通信支持电力线载波、微功率无线、RS-485等多种通信方式与端设备进行数据交互。

（2）技术路线

台区智能终端经历了配变终端、智能配变终端到台区智能融合终端的演进，在技术上实现了从软硬件一体化设计到硬件平台化和软件App化的演进，整合终端打破了传统配电终端由于非平台化设计和软硬件紧耦合带来的应用扩展难题；在业务上从配电变压器监测扩展到低压智能开关、低压分路监测单元、智能电容器及环境量监测，再到光伏、充电桩、低压储能及户表等设备的监测，实现了配电物联网端设备全感知；在功能上从单纯的边缘采集升级到边缘采集+智能分析决策，实现了感知层设备管理及边缘业务智能化。

在终端应用演变过程中，主要体现了三大研究方向：硬件平台化研究、软件微应用化研究和边缘智能化研究。

① 硬件平台化研究

传统配变终端仅明确了单一业务功能需求，硬件配置纷繁复杂，无法达到统一化、标准化，大幅度增加了软件功能扩展适配的难度。随着技术的发展和成熟，硬件的技术壁垒被逐渐打破，同一类型产品通过硬件体现的差异化越来越少。

台区智能融合终端采用硬件平台化、结构模块化的设计思想，在容器技术的基础上研发出具有边缘计算功能的统一嵌入式操作系统平台，该平台通过虚拟化将软件和硬件分离出来，并将处理器、内存和存储三大计算资源池化，最终实现将这些池化的虚拟化资源进行按需分割和重新组合，实现软硬件解耦，面向边缘计算提供统一的接口访问服务，支撑不同业务功能的隔离运行。

终端硬件主体包括主控板、交采板、远程通信模块、本地通信模块、外壳结构件等组部件，各组部件功能接口完全标准化，不同厂家之间可随意组合配置。

② 软件微应用化研究

为满足营销、配电及新兴业务的需求，基于统一硬件平台快速开发自由扩展的微应用，实现台区智能终端的全部业务功能。微应用可以按需组合部署在不同的容器中，基于虚拟资源池调用不同硬件资源实现软硬件解耦，支持快速开发、快速迭代和快速更新。

微应用的总体架构如图4-9所示，其中，基础平台层包含硬件通信接口及驱动、基础操作系统；资源虚拟化层由容器和硬件资源的抽象层组成；应用层具备完成具体业务的功能，包括基础微应用与业务微应用；数据总线基于容器间IP化技术与MQTT协议，实现跨容器的消息交互；信息安全部分提供数据采集安全、数据存储安全、数据访问安全及数据上行通信安全功能。

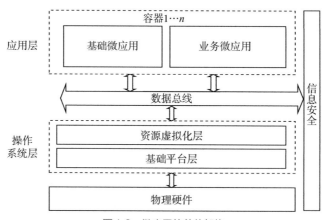

图4-9 微应用的总体架构

台区智能终端的微应用体系通过大量实践优化，明确了基于物模型、数据总线和数据中心解耦的技术路线及原则：一是微应用间应基于消息机制进行交互，避免私有通信，实现数据交互解耦，降低交互管理的复杂度；二是业务数据应由数据中心统一管理，避免各微应用建立数据中心之外的私有业务数据库，保证数据的安全可靠，提高数据的使用效率；三是微应用开发应明确命名、功能、预留接口，保证微应用的有效管理。

③ 边缘智能化研究

目前边缘智能化研究主要集中在业务智能和运维智能两个方面。业务智能主要包括支撑营配数据本地交互、低压台区拓扑动态识别、电能质量综合治理、精益化线损管理、故障研判及主动抢修等业务应用；运维智能主要是深化自主管理的免运维智能化技术研究，包括设备自描述、资源自注册、边端自组织和边云自协同。

（3）功能要求

台区智能终端应用App可分为基础App和高级应用App。基础App包括安全认证App、104上行协议App、698通信协议App、数据中心App、MQTT上行协议App等，用于安全接入配电自动化主站、用电信息采集主站及IoT平台。高级应用App是台区智能终端深化应用的功能扩展App，通过与智慧开关、智能传感器、无功补偿器等低压智能设备配合，支撑停电故障研判、电能质量分析与治理、台区线损分析、低压拓扑识别、家庭用能管理、新能源有序接入管理等配用电高级应用。

各类高级应用App与台区低压设备息息相关，需要台区设备具备智能化和信息化能力。App开发基于各类终端的通信协议和台区智能终端提供的标准化App开发框架。各开发厂家可根据开发框架、各类通信协议和运行策略进行开发，App通过中国电科院检测认证后可在中国电科院的App商城挂网销售，终端用户可根据需求（终端厂家、协议等）通过IoT平台实现App的购买、下载和安装。

2）应用进展

（1）配变监测

台区智能终端内置传感器接收单元利用无线方式，采集智能传感器、智能喷射式熔断器中的数据，通过在终端中配置配变监测App，对传感器数据和终端本身采集的电气量和非电气量数据进行边缘计算与本地决策，从而实现对配变侧运行状态的全方位监测、数据分析及工作状态报警，如图4-10所示。

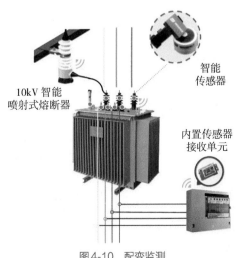

智能
传感器

10kV 智能
喷射式熔断器

内置传感器
接收单元

图4-10　配变监测

（2）台区拓扑识别

台区智能终端与安装在线路侧和用户侧支持拓扑功能的智慧开关、分支检测单元等配电网设备配合，通过HPLC、G3-PLC等通信技术与开关通信交互。在台区智能终端中配置拓扑识别App，实现低压台区"站—线—户"的物理拓扑，从而支撑基于拓扑的故障研判、线损分析等功能，如图4-11所示。

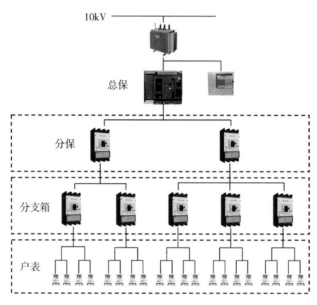

图4-11　台区拓扑识别图

（3）无功补偿和剩余电流动作保护器监测

台区智能终端通过RS-485与智能化无功补偿器、剩余电流动作保护器等设备交互。台区智能终端中配置无功补偿器监测App和剩余电流动作保护器监测App，实现对设备运行信息的采集，支持设备运行状态监测，并通过数据中心共享数据的方式支撑其他高级功能的应用，如图4-12所示。

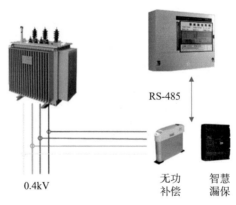

图4-12　无功补偿和剩余电流动作保护器监测

（4）停电故障研判及上报

台区智能终端配置停电故障研判 App，通过建模，综合运用交采、开关、无功补偿器、剩余电流动作保护器、户变等的数据信息，判断台区故障，并将停复电等信息和故障研判信息上报至主站系统，支撑主动运维和快速抢修的业务需求，如图4-13所示。

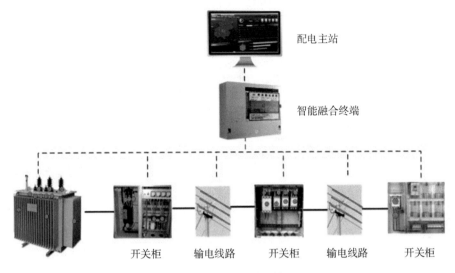

配电主站

智能融合终端

开关柜　输电线路　开关柜　输电线路　开关柜

图4-13　停电故障研判

（5）分布式光伏管理

在逆变器和发电表之间加装智能并网开关或对并网逆变器进行智能改造，并网开关或并网逆变器通过 HPLC、HPLC+RF 等通信方式与台区智能终端进行通信，在台区智能终端中配置分布式能源管理 App，获取分布式能源的运行状态，对各类数据进行实时采集，监测分布式能源接入、运行情况、电能质量等信息并将其报至配电自动化主站，减少信息"孤岛"导致的安全事件，如图4-14所示。

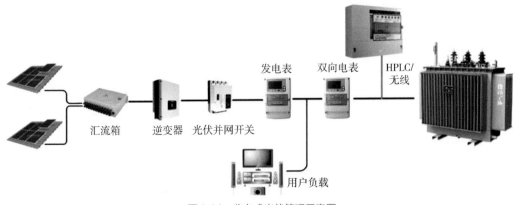

发电表　双向电表　HPLC/无线

汇流箱　逆变器　光伏并网开关

用户负载

图4-14　分布式光伏管理示意图

（6）充电桩有序接入

利用RS-485、HPLC等通信手段，通过将充电桩台区的变压器、开关设备、保护设备、调节设备、计费电表，以及充电桩接入点等接入台区智能终端，通过充电桩有序充电管理App，对电压、电流、剩余容量等数据进行采集，并利用边缘计算技术，实现负荷预测、充电调控、电能质量监测等功能，如图4-15所示。

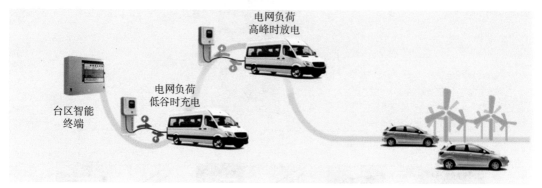

图4-15 充电桩接入管理示意图

（7）家庭用能服务管理

利用非侵入负荷辨识和边缘计算技术，结合HPLC、微功率无线等通信手段，将家庭用能信息传送至台区智能终端，通过家庭用能服务管理App，对获取到的数据进行分析计算，实现对居民负荷的灵活、柔性、高效调节，提高配电网设备利用率及供电可靠性，从而实现家庭智慧用电，如图4-16所示。

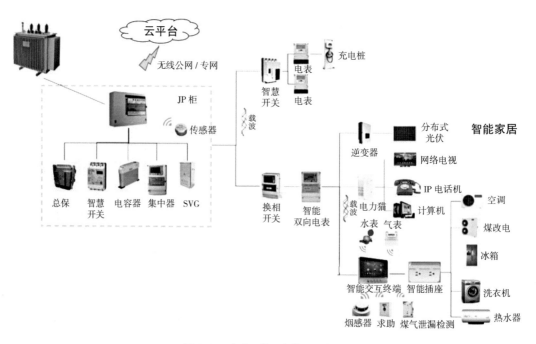

图4-16 家庭用能服务管理示意图

（8）配电室监测

通过在配电室布置物联网智能传感器，监测配电室的温湿度、烟雾报警、水浸、水位等信息，各类物联网传感器通过RS-485、无线等通信方式接入台区智能终端，通过配电室监测App，对配电室各类传感器数据进行采集、汇聚，并上传至主站，为运维提供全面的设备运行状态和环境信息，如图4-17所示。

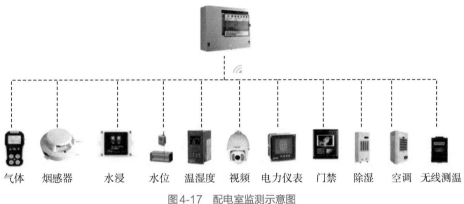

气体　烟感器　水浸　水位　温湿度　视频　电力仪表　门禁　除湿　空调　无线测温

图4-17　配电室监测示意图

（9）智能电表交互

台区智能终端通过部署营销698或376.1协议用电信息采集App，通过HPLC、HPLC+RF通信方式与台区用户表交互，实现用电信息采集功能。台区智能终端获取的户变信息用于支撑台区线损分析、停电故障研判、户变关系识别等高级应用功能，如图4-18所示。

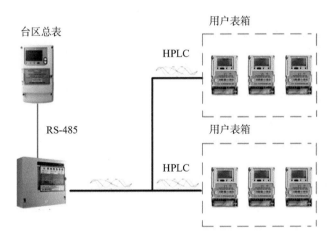

台区总表　　用户表箱　　HPLC

RS-485　　用户表箱　　HPLC

图4-18　智能电表交互示意图

（10）电能质量分析

通过电能质量分析App，实时采集无功补偿装置状态数据、装置源侧电流、负载侧电流、末端电压及相关装置运行状态数据等，依据态势感知算法对电能质量情况进行预测，并形成控制决策，如图4-19所示。

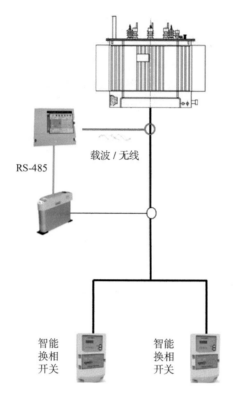

图4-19 电能质量分析示意图

通过台区智能终端与智能电表、智能断路器等低压侧设备的互动，实现对低压设备、用户的实时运行状态监测，对低压配电网的透明化管控，解决配电网到用户的最后100米问题。

3. 发展展望

台区智能终端采用虚拟化技术，通过在嵌入式平台中植入容器技术，实现可重构的嵌入式软硬件平台的App化。在功能上实现了软硬件分离，使嵌入式软硬件平台的部署和应用更加便捷和灵活。基于嵌入式软硬件核心组件的智能终端，支持配电、用采系统和统一物联管理中心通信，远程通信采用无线公网/专网等通信方式将数据分别上送配电主站和用采主站，本地通信采用HPLC、RS-485等多种通信方式与感知单元进行数据交互。台区智能终端的规模化部署，可有效支撑智能化供电服务指挥平台建设，贯通营配调业务发展，深入开展配用电系统高级业务应用，快速响应客户诉求，推进信息数据共享，促进配电物联网运行效率与配电网效益的全面提升。

4.2.2 站所终端

1. 概述

中压配电柜的推广应用及电网智能化的建设需求，推动了站所终端（Distribution Terminal Unit，DTU）的功能升级和完善。当前站所终端已经被安装在开关站、配电室、环网柜、箱式变电站等各个位置，完成遥信、遥测、遥控和馈线自动化功能，具有自动故障检测和识别功能，与配电网自动化主站和子站系统配合，可实现多条线路的测量控制、隔离故障区域并恢复非故障区域供电，从而提高供电的可靠性和配电网的智能化。

经过近年来的发展，站所终端主要形成集中式站所终端和分散式站所终端两种结构。集中式站所终端是指站所终端各组成模块采用集中组屏安装形式；分散式站所终端是指站所终端由若干个间隔单元和公共单元组成，间隔单元安装在各环网柜间隔柜内，公共单元集中安装，间隔单元和公共单元通过总线连接，相互配合，共同完成终端功能。

2. 研究及应用进展

1）站所终端标准化定制

（1）基本情况

随着站所终端的推广应用，参与的厂家数量越来越多，已有规范只针对关键参数和功能提出要求，导致各个厂家只注重于满足现有规范，无法充分考虑不同厂家的兼容性。单个厂家设备到现场安装、调试等都很顺利，但是当同一个地方存在不同厂家设备时，运维问题就逐渐凸显。不同厂家的设备接口、调试工具、配置参数等都有所不同，导致同一个地方每增加一个中标厂家，就需要增加不同的调试工具，需要学习不同的配置流程，增加不同的配置参数，严重增加了一线人员的工作量，同时也阻碍了站所终端功能的实用化推广。因此提出站所终端的标准化定制要求。

（2）技术方案

① 明确站所终端的应用范围和定位

明确站所终端是安装在配电网开关站、配电室、环网柜、箱式变电站等处的配电终端，完成数据采集、远程控制、故障就地处理、线损测量、通信等功能，同时具备接收当地一次设备状态监测数据并分析处理的能力。修改后，站所终端的定位和功能更加明确。

② 终端结构优化

为了让终端的结构更适合现场应用，对终端各组成模块及模块间连接进行标准化设计，实现终端装置级互换，支撑终端运维方式改变和生产标准化，提升终端防护能力，满足防凝露要求。

a. 集中式站所终端方案

终端采用模块化可扩展设计，由核心单元、操作模块、电源模块和后备电源构成；各模块采取标准化设计；模块直接通过标准化线束连接；终端结构和内部组成应符合规范；各模块的外形结构应符合规范；终端与一次设备连接采用矩形连接器方式，终端模块之间采用矩形连接器方式连接，矩形连接器应符合规范；模块之间标准化定制连接电缆应符合规范。

终端结构和内部组成如图4-20所示，同时提出结构、材质和颜色要求。

其中，模块标准化设计中各模块构成如图4-21所示。

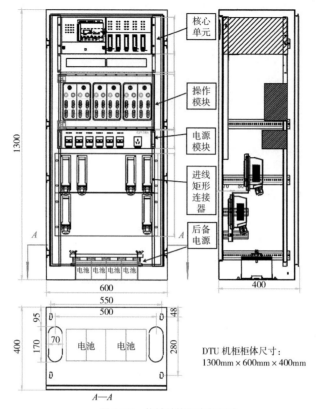

图4-20 终端结构和内部组成

DTU 机柜柜体尺寸:
1300mm × 600mm × 400mm

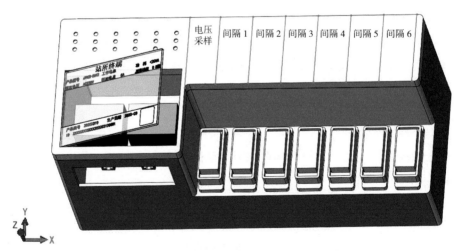

图4-21 模块标准化设计中各模块构成

终端和一次设备之间,终端各模块之间采用矩形连接器连接,消除接线端子,给出矩形连接的结构、材质、端子定义等规范性要求;给出矩形连接器端子定义的要求;给出各定制电缆的连接示意图。根据需求分析、归纳的矩形连接器应该有32芯/24芯/10芯/4芯等几种,给出矩形连接器的标准图,如图4-22所示。

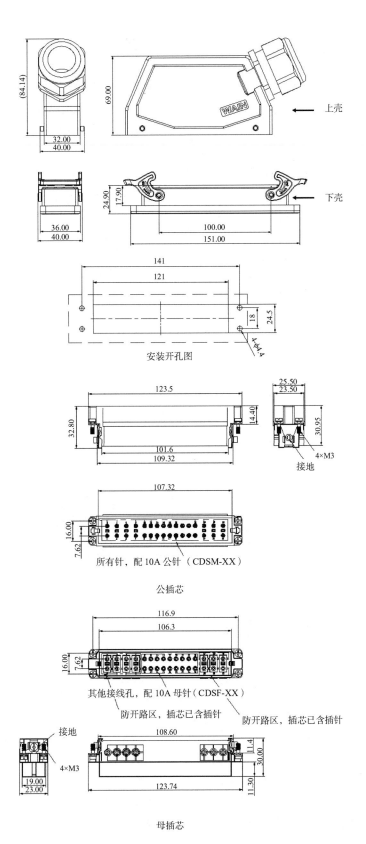

上壳

下壳

安装开孔图

接地

所有针，配 10A 公针（CDSM-XX）

公插芯

其他接线孔，配 10A 母针（CDSF-XX）

防开路区，插芯已含插针　　防开路区，插芯已含插针

接地

母插芯

图 4-22　矩形连接器的标准图

b. 对集中式DTU的防凝露能力要求

在进行终端各模块标准化设计的同时，提高模块结构设计水平，提出模块防护等级达到IP55、满足在环网柜凝露形成水滴不影响终端工作的要求。对终端内部PCB板件要求进行三防处理，在凝露环境下，板件能正常工作；取消端子排设计，所有连接通过矩形连接器完成，矩形连接器满足IP65要求，并且具备防锈、防腐能力，满足防盐雾标准。

c. 对分散式DTU的改进

对DTU终端间隔单元和公共单元进行优化设计，重点是提高防护等级。

③ 功能提升

通过标准化提升终端故障处理能力，采纳先进技术，适应未来发展。一是增加具备不同中性点接地方式的接地故障检测、判断与录波功能，且以上功能可在现场不具备零压和零流测量条件下实现。二是终端就地动作出口和控制出口独立，具备维护时就地切除故障的能力。增加保护出口硬压板。三是具备GPS/北斗对时和定位功能。四是对主站无线通信采用模块化设计，适应向5G技术发展的需求。五是对下通信采取模块化设计，适应现场多变要求。

④ 终端类型减少

聚焦定制化环网柜需求，减少类型数量。

⑤ 适应物联网发展

目前的终端软硬件架构能适应物联网发展的需要。对集中式DTU，中压环网柜场景物联网实现思路如图4-23所示。

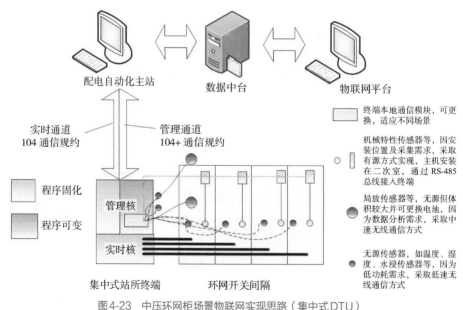

图4-23 中压环网柜场景物联网实现思路（集中式DTU）

对分散式DTU，中压环网柜场景物联网实现思路如图4-24所示。

对上通信：实时通道，终端与主站通信的遥信、遥测、遥控、电能量数据传输规约应采用符合DL/T 634标准的104通信规约；管理通道，与主站通信的远程参数读写、历史记录文件传输、软件升级等扩展规约应采用104+通信规约。

模型：终端应满足即插即用的要求。状态监测类数据上送采用符合DL/T 860标准（IEC 61850）的模型。

平台：终端采用平台化硬件设计并适应边缘计算架构、采用实时核和管理核协调处理的硬件架构；实时核负责实时数据采集和实时计算、故障就地处理及线损测量等功能；管理核负责通信、状态监测数据接收和分析功能，其中，状态监测数据接收和分析功能应以应用软件方式实现，支持就地化数据存储与决策分析。

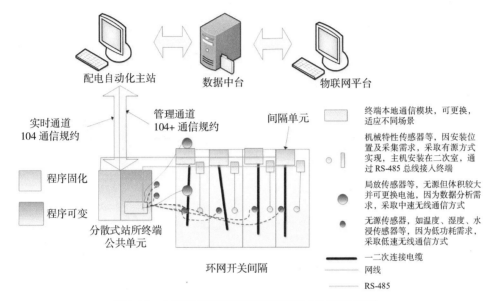

图4-24　中压环网柜场景物联网实现思路（分散式DTU）

加密：终端应支持内嵌国密算法的安全芯片或安全模组，实现终端与主站之间数据交互的完整性、机密性、可用性保护，并实现对本地存储数据的机密性、完整性保护。

本地通信：终端对下通信采取模块化设计，适应现场多变要求；对下通信方式、规约和模型逐步实现标准化。

其中，对于分散式DTU，间隔内传感器不接入间隔单元的原因主要有两点：一是主要考虑间隔单元是一个实时装置，承担就地故障处理等重要业务需求，不宜与状态监测类数据同装置处理；二是间隔传感器实现还在起步阶段，其数据通信方式等目前尚没有标准化，对间隔单元的标准化工作有影响。

⑥ 运维能力提升

针对标准化设计，提高标准化运维工具，提升运维能力。标准化运维工具建设基于配电网主站—终端——次设备多业务信息协同管理技术，实现上下贯通的物联网化即插即用、设备信息自描述、参数自动配置、一二次设备自动关联、App管理与升级等功能，降低工作难度，减小基层人员的运维工作量，配电一二次设备运维的总体技术思路与一二次调试运维的全融合如图4-25和图4-26所示。

⑦ 关于电磁互感器/电子式传感器/数字式传感器在DTU标准化中的应用

在分散式DTU方面，目前标准化设计能适应电磁互感器/电子式电流传感器；在集中式DTU方面，目前标准化设计能适应电磁互感器；在电子式电流传感器方面，本次标准化设计改进可考虑兼容电子式传感器；在数字式传感器方面，存在电压传感器和多间隔电流传感器同步问题，稳定性较差，没有成熟的应用案例，因此本次设计改进没有采取数字式传感器。

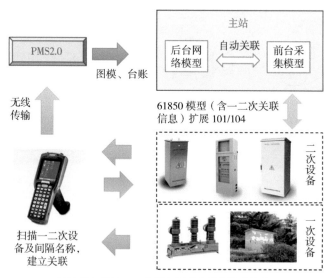

图4-25　配电一二次设备运维的总体技术思路

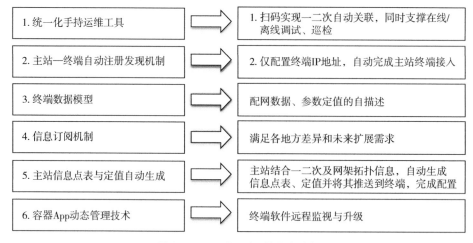

图4-26　一二次调试运维的全融合

（3）应用效果

通过标准化设计，能够实现多项功能的标准化统一。统一配电自动化终端外观结构；统一配电自动化终端接口；统一配电自动化终端各组成模块；统一配电自动化终端功能及关键功能实现方式；统一配电自动化终端技术要求；统一配电自动化终端技术；统一配电自动化终端的应用设计，协调配电自动化设备配套要求，提高产品质量，提升标准化程度，优化工作效率；统一运维方式，指导设计安装，方便运行维护，降低配电自动化运营和维护成本，保证配电自动化设备的安全、高效和可靠运行。

经过以上统一设计后，针对站所终端的安装、运维、调试等都更加便捷，节省了现场作业的时间，降低了综合成本，促进电缆线路保护的应用深化，提升保护效果。

2）物联网化站所终端

（1）基本情况

配电物联网的发展需要配电设备具有更强的连接能力、边缘计算能力，同时对通信灵活性、便捷性等方面提出了更多的要求。物联网化站所终端是针对中低压配电物联网建设需求进行研发，对传统站所终端进行物联网应用赋能的新一代产品，基于双芯双系统核心架构，具备硬件平台化、软件App化、软硬件解耦及边缘计算等特征，可广泛接入多种通信类型的感知层设备，为国网公司运维工作提供实时、可靠的配电数据，帮助运维人员快速、准确地进行设备及现场的定点维护，实现区域自治，降低配电站房建设成本，提升设备的利用效率，为用户带来稳定、可靠的供电服务。

物联网化站所终端适用于10kV开关站、户外小型开闭所（器）、配电室、环网柜、箱式变电站等，可分为遮蔽立式、遮蔽卧式、组屏式、户外立式等多种结构样式，适应多种不同的应用场合。作为重要的"边"节点设备，该终端可采集10kV节点的运行状态、设备状态、环境状态及其他辅助信息并将其上传至配电物联网云平台和配自主站中，实现对上述节点的监测，如图4-27所示。

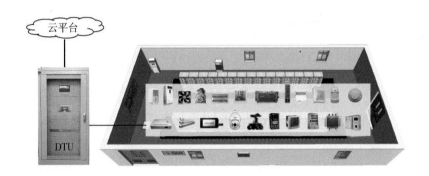

图4-27 物联网化站所终端应用场景

（2）技术方案

物联网化站所终端相较传统站所终端具备边缘计算能力，采用统一通信协议和接口，通过软件App实现业务功能快速迭代升级，以及配电网业务的灵活、快速部署，同时实现云边协同管理和就地决策。

物联网化站所终端基于双芯双系统边缘计算核心板基础平台，采用"硬件平台化、软件App化"的架构，具有高集成化、物联网化、标准化、模块化、App化的特征，支持集中式和分散式两种技术方案。

集中式物联网化站所终端采用双芯双系统边缘计算核心板；分散式物联网化站所终端公共单元基于轻量型边缘计算核心板设计，间隔单元采用具有实时操作系统和非实时操作系统的双芯双系统边缘计算核心板架构，如图4-28所示。

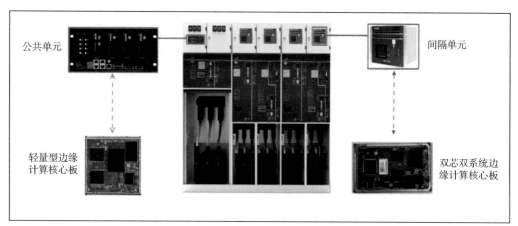

图4-28 分散式物联网化站所终端的整体架构

物联网化站所终端集成了无线传感器接收单元，以无线方式接收配电房/站的环境、门禁、故障传感器信息，并对上述数据进行综合运用，支撑配电室的物联网化建设，如表4-1所示。

表4-1 物联网化站所终端的核心参数

参数名称	具体要求	参数名称	具体要求
工作电源	DC 48V/DC 110V/DC 220V/AC 220V	远程通信	具备1路无线公网（4G/双4G）/无线专网，含GPS定位装置
通信口	2路上行、2路下行以太网接口，10 /100Mb/s自适应 2个RS-485、2个RS-232/RS-485可切换串口，1个RJ-45维护串口 1路蓝牙接口	本地通信	具备2路通信模组，根据需求配置HPLC、微功率、HPLC/微功率双模、蓝牙、ZigBee、NB-IoT、LoRa
电压测量精度	相电压0.5级 零序电压0.5级	电流测量精度	测量值0.5级 保护值≤3% 零序电流0.5级

（3）产品应用

① 10kV节点环境监测

物联网化站所终端与电缆局放、电缆温度、环境温湿度、溢水状态、火警状态、门禁状态、视频监控、气体检测等多状态传感器套件配合，实现对配电站/房环境的全景监测和预警功能。

② 线路保护全面管理

物联网化站所终端以自身保护逻辑为核心，通过应用App实现遥信、遥测、遥控、遥调、保护管理、故障录波等功能，保障用户的安全及可靠用电。

③ 停复电管理

物联网化站所终端结合主站系统，以App形式实现对故障用户的停电隔离和非故障用户的供电恢复。

3. 发展展望

现行配电网存在量测覆盖率低、网架结构不灵活和标准化程度低等问题。未来站所终端将朝着配电物联网化方向发展，以信息化、数字化和现代化手段为传统配电网赋能，实现台区全景监测，提升配电区域管理能力，满足分布式能源接入和多元化负荷管控需求。配电物联网的建设极大提升了配电网运行状态的全面感知能力，保证配电网安全稳定地运行。由于常规站所终端无法满足物联网接入需求，需要一种支持物联接入和具备边缘计算能力的站所终端，实现配电物联网多维协同和数据共享、配电网区域自治等功能，达到支撑配电物联网发展建设、提升区域管理能力的目的。

4.2.3 馈线终端

1. 概述

随着柱上断路器应用的大面积推广，以及配电网对线路自动化技术需求的不断增加，支持遥控、遥信、遥测功能的馈线终端（Feeder Terminal Unit，FTU）便成了不可替代的关键产品，其安装在10 kV馈线上，主要对柱上开关进行监控，完成遥测、遥控、遥信、故障检测功能，并与配电自动化主站通信，提供配电系统运行情况和各种参数及监测控制所需信息，包括开关状态、电能参数、相间故障、接地故障及故障时的参数，并执行配电主站下发的命令，对配电设备进行调节和控制，实现故障定位、故障隔离和非故障区域快速恢复供电功能。

国内FTU起步较早，从最初的涌流控制器，到看门狗最终发展成为馈线终端，同时馈线终端也从罩式、箱式等形态，最终统一为罩式FTU，如图4-29和图4-30所示。经过十几年的快速发展，国内通过吸收和借鉴国外优秀配电自动化技术，充分利用研发能力强、产业链齐全的优势，快速实现赶超，已经形成标准化程度高、互换性好、综合成本低、运维工作量小的良性发展。

图4-29 罩式FTU

图4-30 箱式FTU

2. 研究及应用进展

1）馈线终端标准化定制

（1）基本情况

馈线终端现场应用数量巨大，不同厂家在运维工具、参数配置等方面的差异，给运维工作带来巨大挑战，同时使其功能实用化推广成本增加，在一定程度上阻碍了馈线终端的发展。馈线终端标准化定制主要是解决现场运维的难题。

馈线终端标准化定制主要从以下5个方面开展。

① 可靠性提升方面。从终端整体结构、电气接口、功能定义和配置、运行维护等方面，充分考虑装置运行稳定性、安全性和防误操作，提高设备的整体可靠性；

② 通用性提升方面。通过参数设置、切换开关、压板等实现功能的灵活配置，可配套负荷开关、断路器等不同开关类型，支持电磁、电子和数字3种电气量采集方式，支持弹操、永磁两类操作机构，可设置为集中型或就地型馈线自动化模式，集成开关操作、储能回路状态监测；

③ 小型化设计方面。采用小型化罩式结构，统一外观尺寸和电气接口，以适应批量制造和自动检测的要求；

④ 设备类型精简性方面。精简现有馈线终端的产品类别，不依据控制方式、应用模式、通信方式和配套操作机构等进行产品型号分类；

⑤ 技术先进性方面。支持电子式传感器及就地数字化等新技术的应用，在内部集成开关设备状态监测功能。

（2）技术方案

① 总体思路

针对馈线终端产品系列多，标准化不足等问题，明确标准化设计的总体思路如下。

一种外观：罩式终端+电池盒（可选）。

一组航插：一组航插接口，开关侧统一、终端侧部分统一。

一套电源：主供电源为取电PT，后备电源为铅酸电池；二者可独立工作、无缝切换。

一个点表：定义统一的测点表和参数配置表。

两个模块：无线通信模块、北斗/GPS对时模块。

两种模式：集中式（及保护）、就地式FA模式。

两种机构：适配弹操、永磁操作机构。

两类开关：适配柱上负荷开关或断路器。

六种产品：3种采集方式与两种操作机构，组合出6种产品类型。3种采集方式包括电磁式、电子式和数字式三大类。操作机构主要包括弹簧操作机构、永磁操作机构。

② 外观结构与接口标准化

针对电磁式、电子式和数字式三大类开展标准化设计。

a. 电源航插接口方面。现标准电磁式、数字式电源为6芯航插接口，电子式电源为4芯航插接口，经标准化后电源航插接口统一为6芯，减少了航插接口种类，便于现场维护。

b. 底盖方面。电磁式、电子式的底盖已统一，数字式底盖暂不与电磁式、电子式统一。

c. 电流接口方面。电磁式为6芯电流接口、电子式为14芯电流接口，数字式无电流接口。因为定义不一致，难实现统一。

d. 控制信号航插接口方面。电磁式为14芯接口、电子式为10芯接口，数字式为10芯接口，三种控制信号航插接口传输的信号量不一致，难实现统一。

③ 采集与精度标准化

国内电子式传感器质量有所差异，均采用进口薄膜电容，结构及工艺有所差异，部分厂家的电子式传感器质量稳定，性能优异，预留的设计裕度大。

④ 控制与保护

在保护功能方面，新增短路故障告警和零流接地故障告警功能，取消三段式保护的告警功能。具备小电流接地系统单相接地故障识别功能，通过零序电压、零序电流识别单相接地故障；在不配备零序电压互/传感器、零序电流互/传感器的情况下，应具备单相接地故障检测功能；单相接地故障识别功能可配置为告警或跳闸，告警/跳闸延时可设；新增短路故障告警功能和零流接地故障告警功能相关描述。

取消拨动开关的自锁状态。当初设置自锁状态是考虑在罩式面板没有分合闸出口硬压板的情况下，便于检修。目前标准化设计中已经增加了分合闸硬压板，自锁功能可以通过出口压板的退出实现。用拨动开关表征三个位置状态，其行程比较短，现场维护时识别度不高，状态位置不够清晰。

增加对功能指示灯的描述。增加常规保护指示灯、就地式FA指示灯和集中式FA指示灯。

另外，还对典型保护配置进行了详细说明。

⑤ 通信与对时

根据目前厂家检测和实现方法，适当放宽指标要求，提供可靠及可检测数值。将北斗/GPS方式对时误差应不大于1ms修改为"不大于5ms"。

⑥ 电源模块

明确指标，依据不同的后备电源浮充电压的大小和满足开关正常动作的范围确定指标。额定电压选用24V，负载能力不小于16A，持续时间大于或等于100ms，在开关储能和分合闸过程中，应满足控制开关的操作电压要求。

⑦ 统一运维

增加蓝牙运维方式，细化有线串口和无线蓝牙连接的具体定义。装置上电后以"跑马灯"形式进行LED灯的自检测试。

（3）应用效果

在产品方面，经过标准化定制后，不同厂家的产品能够在整体结构、电气接口、功能定义和配置等方面，实现互换功能，减少了对厂家的依赖。

在设备运维方面，可以通过统一的运维软件，实现不同厂家的设备运维，减少了运维人员学习不同工具和配置流程的工作量，提高了运维效率，降低了运维成本。

在批量化推广方面，通过对保护参数、保护逻辑的标准化，能够让不同厂家的设备在同一条线路上进行配合，便于线路保护策略的设置。

2）物联网化馈线终端

（1）基本情况

随着电力物联网建设进程的加快，馈线终端物联网化趋势逐渐明显。物联网化馈线终端是针对中低压配电物联网建设需求而提出的，对传统FTU进行物联网应用赋能的新一代产品，基于双芯双系统的技术架构，具备就地多元化信息采集能力、边缘计算处理能力和通过IoT平台实现设备管理的能力，能满足配电物联网对设备的要求，从而达到降低投资成本、提高线路监控质量的目的。

物联网化馈线终端主要应用于10kV架空配电线路开关状态和线路故障监测。FTU通过实时采集线路三相电流、电压和零序电流等数据，与断路器或负荷开关配合，在线路发生故障时，利用自身具备的故障判断逻辑来判别故障发生位置，通过就地型馈线自动化功能，实现故障用户隔离。

（2）技术方案

根据配电物联网的发展要求，物联网化馈线终端具备就地多元化信息采集能力、本地计算处理能力和通过IoT平台实现设备管理能力。基于"硬件平台化、软件App化"架构设计，采用双芯双系统轻量型核心板，实时操作系统完成采集任务、边缘计算任务，以及毫秒级保护响应和电能质量统计等任务；非实时操作系统完成多功能App部署、数据管理及远程通信等任务。借助边缘计算的本地化处理能力和App按需配置业务功能，可就地处理故障信息，直接对故障区域进行隔离并恢复非故障区域的供电，同时上送故障信息给主站。物联网化FTU集成了无线温度传感器接收单元，以无线方式接收故障指示器和非电气量传感器信息，实现设备的集约化，从而降低了10kV线路监控成本。核心参数如表4-2所示。

表4-2 核心参数

参数名称		参数名称	
工作电源	AC 220V（双路），DC 24V	通信方式	光纤、4G/5G网络、无线专网
通信口	2路以太网接口，1个RS-232串口，1个RS-485业务串口，1个RJ-45维护串口	GPS	一路GPS/北斗接口
电压测量精度	≤0.5%（0.5级）	电流测量精度	≤0.5%、5P10

（3）应用场景

① 配电线路环境监测

配合架空线路杆塔倾角、覆冰、线缆温度、视频监控等多功能传感器套件实现线路环境监测App的功能，对架空配电线路的运行环境进行实时监测和危害预警。

② 配电线路故障监测

物联网化FTU与故障指示器采集单元、柱上断路器、一次PT配合，利用App形式实现故障指示器管理、线路电气监测、故障研判、故障定位、故障隔离等功能，对架空线路出现的故障可以迅速响应并及时隔离故障源、恢复非故障区域供电，提高供电可靠性。

3. 发展展望

为适应配电网的发展需要，结合当前设备制造先进技术与现场实际应用需求，提高配电一二次设备的标准化、集成化水平，提升配电设备的运行水平、运维质量与效率，满足线损管理的技术要求，服务配电网建设改造行动计划，馈线终端正逐步向配电设备一二次融合、标准化定制的方向发展，通过将一次本体设备、高精度传感器与二次终端设备融合，逐步实现"可靠性、小型化、平台化、通用性、经济性"目标。

4.2.4 故障指示器

1. 概述

故障指示器是一种以体积轻巧、安装方便、维护简单及经济性等优势著称的配电终端，其功能相对简单，无法实现故障隔离，需要与一二次融合开关配合使用。故障指示器主要用于识别并指示配电线路发生的短路及接地故障，在线路发生故障后快速反应，实现故障的快速定位。

故障指示器种类繁多、型号复杂，大体可按以下几种方式进行分类：按单相接地故障检测原理不同，可分为外施信号型、暂态特征型、稳态特征型和暂态录波型；按安装位置不同，可分为架空型和电缆型；按是否与配电主站通信，可分为就地型故障指示器和远传型故障指示器。常见的故障指示器主要有以下九种：

（1）架空暂态特征型就地故障指示器。

（2）架空外施信号型就地故障指示器。

（3）架空暂态特征型远传故障指示器。

（4）架空暂态录波型远传故障指示器。

（5）架空外施信号型远传故障指示器。

（6）电缆稳态特征型就地故障指示器。

（7）电缆外施信号型就地故障指示器。

（8）电缆稳态特征型远传故障指示器。

（9）电缆外施信号型远传故障指示器。

2. 研究及应用进展

1）研究进展

早期的故障指示器采用过电流法对短路故障进行研判，短路故障研判准确率低，故障时通过闪烁、翻牌或发光等方式告知巡视人员故障位置。随着保护、通信、传感器等技术的发展，故障指示器的功能逐渐完善，能同时对短路故障、接地故障进行研判。目前，故障指示器对短路故障的研判准确率较高，但随着配电网环网运行比例提高、大量分布式电源接入和电网潮流随机变化，需要提出新的短路故障研判算法以保障短路故障研判的准确率；受取电困难、采样频率不足、采样精度低、研判算法存在缺陷等诸多因素制约，故障指示器对单相接地故障的研判准确率一直处于较低水平；在通信方面，故障指示器结合现代通信技术，通过无线通信方式将信息推送至配电主站或以短消息通知接收者，使通信效率与范围显著提升。

2）各类故障指示器的现状与技术难点

外施信号型故障指示器需要在配电网中增加额外的信号注入装备，在发生单相接地故障时人为地增大故障电流，虽提高了故障研判准确率，但带来了新的安全隐患，实际现场中应用较少；暂态特征型故障指示器使用突变量法对故障进行研判，需要故障指示器具有足够高的采样频率与采样精度以准确捕捉暂态量，实际应用中的故障指示器难以满足该要求，且现有的暂态特征型故障指示器使用的单相接地故障研判算法受运行现场测量噪声、外部干扰的影响较大，所以目前生产的暂态特征型故障指示器对单相接地故障判断的准确率较低；稳态特征型故障指示器主要应用于电缆线路，电缆线路容性电流大，单相接地故障稳态特征较为明显，适合使用稳态特征法对单相接地故障进行研判，研判准确率较高；暂态录波型故障指示器是一类有较好应用前景的故障指示器，但目前设备成本较高，由采集单元、汇集单元构成，其安装示意图如图4-31所示，采集单元采集线路电气量信息，并将这些信息输出上传至汇集单元；汇集单元接收并处理之后将数据送至配电主站。暂态录波型故障指示器系统图如图4-32所示。

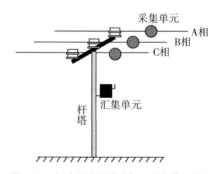

图4-31　暂态录波型故障指示器安装示意图

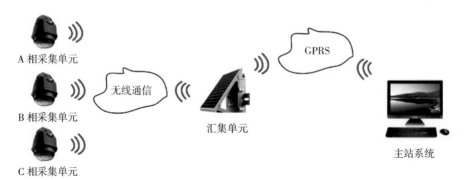

图4-32　暂态录波型故障指示器系统图

架空型故障指示器是指故障指示器通过机械构件悬挂于架空线路上，受现场条件制约取电困难，进而导致采样频率、精度不足，难以准确捕捉电气量暂态特征，存在单相接地故障研判准确率低的问题。新型取电技术与高精度、高频率、小功耗的采样技术是架空型故障指示器未来发展进程中的关键技术。电缆型故障指示器可进一步分为电缆线路型故障指示器与电缆面板型故障指示器。电缆线路型故障指示器通过机械方式固定于某一相电缆线路（母排）上，通常安装在电缆分支箱、环网柜、开关柜等配电设备上。由于电缆型故障指示器配置了零序电流检测装置，且电缆线路所在110/10kV变电站的中性点接地方式一般为大电流接地方式，所以其判断准确率比架空型故障指示器接地判据的准确率高。电缆面板型故障指示器主要由主机和传感器两部分组成，主要安装于配电网环网柜及电缆分支箱等处，在主机可视操作面板上可进行自检、复位等操作，也可以通过主机上的通信模块将故障信号远程传输到主站处理中心，然后通过定位系统进行故障定位等操作，如图4-33所示。

架空型　　　　　　　电缆线路型　　　　　　　　电缆面板型

图4-33　故障指示器实物图

3）应用进展

在供电可靠性要求较高的区域，主要采用一二次融合开关对故障进行研判与隔离，故障指示器主要用于实现故障区段细分，达到进一步缩小故障定位区间的目的；在供电可靠性要求较低的区域，一二次融合开关的覆盖率较低，会使用更多的故障指示器，实现配电线路故障区间的准确判断。

3. 发展展望

提高故障指示器单相接地故障识别率、适应分布式电源的接入与配电网架的革新是故障指示器发展进程中急需解决的两大难题。

在提高故障指示器单相接地故障识别率方面，主要有以下两个难点：（1）三相电流录波时间不同步，影响汇集单元零序电流合成的准确度，进而导致单相接地故障识别率低，随着北斗定位技术的发展与应用，该问题有望得到有效解决。（2）算法准确率低，依靠单个故障指示器对单相接地故障进行研判存在准确率瓶颈。相比之下，暂态录波型故障指示器结合多个故障指示器的数据进行集中研判，整体研判准确率较高，未来随着技术逐渐成熟、成本不断降低，应有着较好的推广应用前景。

在适应分布式电源的接入与配电网架的革新方面，主要有以下两个难点：（1）环网供电。要想确保重要负荷有效供电，会结合闭环线路进行供电，此时故障点出现差异，接收故障电流的方向也有不同，这样不仅无法准确判断，而且难以快速定位。（2）含分布式电源接入配电网。因为分布式电源在接入配电网后，会改变配电网的网架，且具有随机性和波动性特点，所以在故障定位时无法有效确定线路的保护装置，而在出现故障之后，故障电流的方向将会出现偏差，最终势必增加整体故障定位的难度。

故障指示器具备体积轻巧、带电安装、维护简单及经济性等优势，随着单相接地故障识别率、对分布式电源适应性的提高，未来故障指示器的应用成效将会持续提升。

4.3 配电物联网

4.3.1 物联网边缘计算基础平台

4.3.1.1 边缘计算核心软硬件平台

1. 概述

芯片是设备智能化的基础，操作系统是智能化的灵魂。受限于技术发展，中低压配电设备智能化水平不能满足物联网化建设需求。在设备智能化过程中，各厂商方案不一，功能迥异，且一般依赖国外芯片，二次开发集成，增加了产品开发周期和成本，不能满足中低压配电物联网建设的迫切需求。同时在信息安全日益重要的今天，大量国外芯片的应用将严重影响中低压配电物联网的信息安全。

2. 研究及应用进展

1）研究进展

针对上述问题，基于国网自主可控核心芯片"国网芯"、自主"枢纽"操作系统、Docker容器及自主编排技术的系列化核心板，为配电设备的智能化提供统一、快速和安全的基础解决方案。

在产品参数方面，基础型核心板软硬件平台采用最高主频1.2GHz、单芯四核的SCM701主控芯片设计，集成2GB DDR3 SDRAM、8GB FLASH，内置"枢纽"操作系统、Docker容器，采用自主编排技术，具有8路UART、3路SPI、3路I^2C、3路USB接口、1路I^2S、6路12位的ADC外部接口，搭载安全代理、通信规约、边缘框架管理App等。

核心板为配电物联网智能终端的硬件核心，是数据采集的中转站，对下通过接入载波模块/WSN模块实现台区较远距离的数据采集通信；近距离通过RS-485总线及RS-232总线进行设备与终端的组网连接；可以通过直流模拟量进行温湿度采集和基于开入/开出的开关量状态采集；远程通过有线以太网或4G无线模块与配电自动化系统进行数据业务信息交互及终端应用管理主站交互。在智能终端内部需要通过以太网和USB、SPI等接口接入交流模拟量采集板。为了保证技术兼容性、模块互换性、即插即用性，主控核心板与远程通信模块、载波通信模块及交采板需要支持以太网、USB、SPI、UART等多种总线接口。基于以上技术需求,基于"国网芯"的核心板原理框图如图4-34所示。

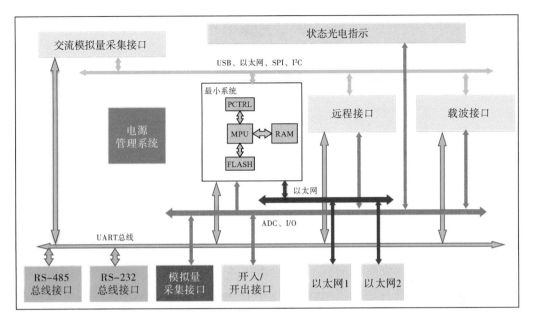

图4-34 基于"国网芯"的核心板原理框图

已形成边缘计算核心板—双芯双系统核心板—单芯双系统核心板的技术迭代路线,如图4-35所示。

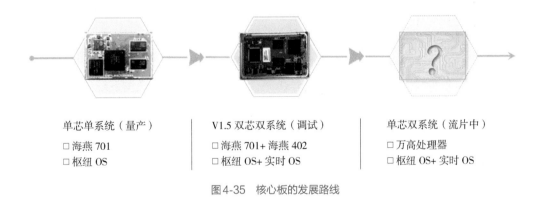

单芯单系统(量产)
□ 海燕701
□ 枢纽OS

V1.5 双芯双系统(调试)
□ 海燕701+ 海燕402
□ 枢纽OS+ 实时OS

单芯双系统(流片中)
□ 万高处理器
□ 枢纽OS+ 实时OS

图4-35 核心板的发展路线

2)应用进展

标准型核心板可用于中低压配电网中的DTU、台区智能终端、边缘物联代理、模组化集中器等边缘设备,赋能边缘计算,以"硬件平台化,软件App化"理念助力边缘计算终端的研发应用,如图4-36所示。

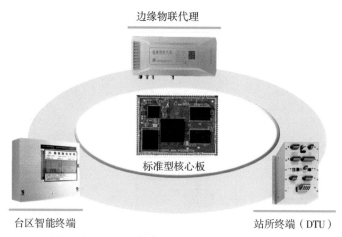

图4-36　标准型核心板的应用

双芯双系统核心板在FTU、DTU（分散式DTU公共单元）设备上完成了应用验证。其中，实时操作系统完成采集任务、边缘计算任务、保护逻辑判断任务、电能质量统计任务；非实时操作系统完成级联App、数据中心App、安全代理App、101/104规约App等的部署应用。

3. 发展展望

根据配电物联网架构的要求，核心板的开发方案结合新一代配电终端需要具备即插即用、边缘计算、软硬件平台化、物联网通信等技术特征，满足电力物联网应用需求，提升设备的智能化水平，实现配电网业务的灵活、快速部署，云边协同管理和就地化决策，满足中低压配电网设备物联网化需求。

为保证部分终端设备对保护类及控制类业务毫秒级响应的实时性和安全性需求，物联网化的配电终端硬件设计应采用实时核和管理核协调处理的构架，软件设计应采用实时操作系统和非实时操作系统的双系统异步架构，实时核和实时操作系统负责实时数据采集和实时计算、故障就地处理及线损测量等功能，是未来进一步迭代优化的趋势。

4.3.1.2　自主操作系统

1. 概述

国内桌面和服务器操作系统发展较为成熟，如中标麒麟操作系统、深度操作系统、统信UOS操作系统等，但其主要面向对实时性要求较低的消费级应用和IT服务器领域，在嵌入式工业控制应用上，国产操作系统多为以Linux为基础二次开发的操作系统，如RT-Thread、SylixOS等，当面向工业级应用时，虽能应对多样化的应用场景，但其实时性、可靠性不足，无法满足场景要求。

受限于国产操作系统缺少系统生态的问题，国产操作系统在电力上的应用有限，为助力设备物联网化，在核心板中集成了广泛物联、自主可控、安全可靠、面向工控终端的枢纽操作系统。

2. 研究及应用进展

1）研究进展

枢纽操作系统在Linux 3.10基础上开展深度定制开发，基于国网可信根和可信链设计，采用安全加固、轻量级虚拟化等先进技术，实现硬件资源共享、应用程序隔离，以及内核对容器管理及终端管理平台支持。操作系统技术指标如表4-3所示。

表4-3　操作系统技术指标

序号	指标名称	指标参数
1	操作系统内核	Linux 3.10.108
2	支持的通信协议	TCP/IP、HTTPS、MQTT
3	容器技术	Docker
4	支持的容器个数	≥5
5	单容器多App	支持
6	系统软件升级	支持
7	多核CPU	支持
8	内置MQTT	mosquitto version 1.4.8
9	内置数据库	SQLite

枢纽操作系统提供系统管理、容器管理、物联代理、应用管理等监控管理功能，并从整体上考虑安全加固设计和维测增强设计。通过对终端物理资源（CPU、内存、磁盘、网络资源等）的划分和隔离，使各应用App运行于独立的环境，屏蔽本容器中应用软件与其他容器或操作系统的相互影响。运行在容器中的软件可单独快速开发、自由扩展。操作系统作为实现虚拟化技术的核心，需支持容器技术涉及的进程隔离、命名空间及联合文件系统。此外，该系统还主要包括启动程序、内核、驱动程序、文件系统等，如图4-37所示。

2）应用进展

2019年至今，搭载枢纽操作系统的各类边缘计算核心板及其产品（台区智能融合终端、边缘物联代理、智慧开关、光伏并网开关、智能物联电能表等）在国家电网公司27个省市公司实现百万级的现场部署及应用。

进一步还将基于枢纽操作系统，结合人工智能、5G网络等先进技术进行产品迭代，满足汽车电子、轨道交通、石油石化、燃气、水务等工业控制领域的各种场景需求，形成全面覆盖，推动整个工业控制领域生态系统的建设与发展，用自身技术能力为国家信息安全打响保卫战，以自主可控技术服务国家信息安全。

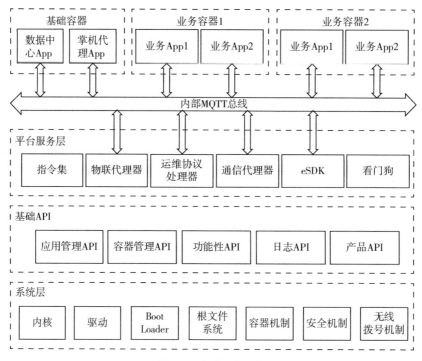

图4-37 操作系统框架

3. 发展展望

针对具体的终端应用，基于开源的操作系统，进一步开展内存优化、内核裁剪、驱动配置、文件系统制作。着重研究如何及时释放存储空间，在安装大量应用时如何提高响应速度。同时针对典型应用的电力终端，研究各操作系统裁剪实现的可行性及相关技术，例如，由于Android操作系统侧重于图形界面、多媒体、浏览器等人机交互，可针对带显示屏的手持终端，研究优化技术，针对其他电力终端，则研究Linux等系统的裁剪技术。

4.3.2 柔性开发平台

1. 概述

随着互联网技术的发展，以及云计算技术的出现和广泛应用，许多以物理机或虚拟机为中心而构建的复杂系统都在寻求以用户为中心的云平台的转型。

目前，配电、用电领域业务应用软件均使用传统嵌入式软件开发方案，研发过程涉及项目设计、研发环境搭建、代码开发、代码迭代管理、调试测试，以及认证和发布，门槛高、过程烦琐、管理困难，同时由于研发人员水平的差别，产品可靠性、一致性也难以保证。

2. 研究及应用进展

1）研究进展

柔性开发仿真发布一体化云平台的开发，支持一站式的设计、研发、测试、认证、发布，实现组态化的研发设计过程，通过线上完成产品的测试，成品直接通过平台进行认证发布，覆盖电力行业应用研发过程的全节点全生命周期。通过建设组态化微应用开发平台，从开发、调试、发布和运维阶段进行全流程过程管控，实现微应用快速迭代开发、便捷化调试、高效化部署。

云平台采用面向云仿真的层次化服务描述框架，主要是为了支持云仿真中多种不同粒度仿真资源的共享，能够按需提供仿真服务。仿真系统云平台主要分为应用层、工具层、服务层和资源层。由下往上，资源层包括仿真系统中涉及的各类可进行虚拟化的资源；服务层在资源层的基础上进行了进一步的功能服务描述；工具层又可称为应用门户层，提供仿真模型库管理工具、虚拟机大规模仿真问题的求解环境；应用层则包括目前典型的多学科专业级仿真、多学科专业系统级仿真，以及复杂系统体系级仿真应用。图4-38所示为统一App柔性开发平台，这是云平台的一个应用案例。

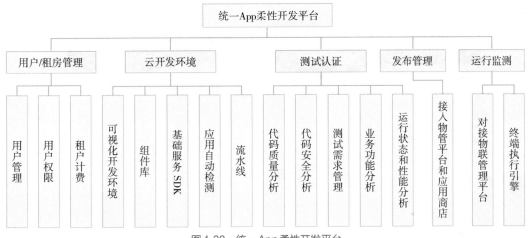

图4-38　统一App柔性开发平台

依据仿真系统云平台的层次化体系结构，构建仿真系统云平台的第一步是对仿真系统中的仿真资源进行分类，建立合理的资源层。在引入轻量级虚拟化技术后，将底层仿真资源主要划分为基础设施资源、依赖库资源、数据资源、工具资源、模型资源5个部分，对各类仿真资源分别进行描述，如图4-39所示。

图4-39　仿真系统云平台的底层仿真资源分类

通过对仿真系统资源的分类和统一描述，为仿真系统云平台的运行环境动态构建奠定基础，使用轻量级虚拟化技术来运行仿真资源并建立资源库，能使云仿真运行环境的动态构建过程真正落地实现，从而实现开发的全流程管控。柔性开发平台的开发样例如图4-40所示，柔性开发平台的全流程管控如图4-41所示。

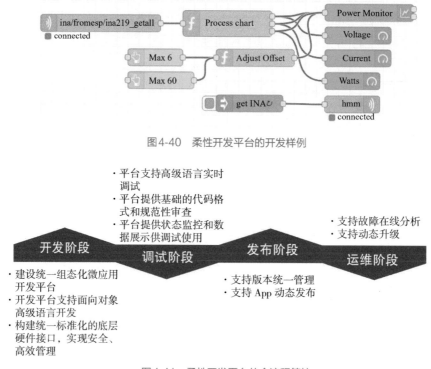

图4-40　柔性开发平台的开发样例

图4-41　柔性开发平台的全流程管控

2）应用进展

用户申请账号后，由指定的管理员进行认证和授权，用户可以建立项目、组织项目，然后进行开发，在开发过程中通过代码仓库进行版本管理，开发者每次提交的代码由代码仓库进行持续集成并发送到测试环境进行运行、验证，用户代码经过调试验证且确认无误后，可直接通过平台将打包好的应用提交认证机构进行认证，认证通过，即可发布到应用仓库，供具体工作人员进行部署。

项目从柔性开发、测试认证、发布管理三个功能模块出发，构建组态化边缘计算微应用开发发布一体化云平台，实现组态化的研发设计过程，通过线上完成产品的测试认证，成品直接通过平台进行认证发布，覆盖电力行业应用研发过程的全节点、全生命周期，可为电力物联网智能设备软件开发提供一个功能齐全的嵌入式开发平台，在节约成本的同时实现开发者之间的设备共享，为用户提供一个开放的平台，实现标准接口、设备齐全、灵活接入，在很大程度上提高了开发效率。

3. 发展展望

柔性开发平台的发展方向为组态化嵌入式软件开发，将原有嵌入式应用程序进行功能和模块的解耦，形成可复用的单个组件，通过组件间拼接、规范数据交互形式、配置对接参数的形式，对有限的组件进行不同的组合，集成为可实现多种业务的嵌入式应用，依次实现嵌入式软件的组态化开发。

另外，技术方向为状态与数据探针式监控，在进行基础组件的研发过程中，将状态采集、状态变更及数据解析转换的节点作为探针的插入点，通过探针进行数据和状态的汇集与分析，从而达到状态监控和辅助分析的目的。

4.3.3 通信接入网

4.3.3.1 本地通信接入网

1. 概述

低压配电网本地通信系统是低压配电业务的传输载体，对满足配电网规模的快速增长，加快增强配电网薄弱环节，有效提升供电可靠性水平，保障大规模分布式电源接入具有十分重要的意义。

通过对电网公司内部和外部低压配电业务对本地通信的需求分析，以及对低压配电网业务所需的数据流分析，评估低压配电网通信业务通信性能，以及本地通信网络的业务承载能力，为配电台区多模通信技术标准的编制和配电网多模通信体系设计提供参考依据和技术支撑。

目前主流的本地通信接入技术包括HPLC通信技术、HPLC+RF通信技术，以及G3-PLC技术。

2. 研究及应用进展

1）研究进展

（1）HPLC通信技术

本地通信早期的窄带PLC（NB-PLC）和小无线通信技术存在不支持互联互通、传输速度慢、无法应对串扰等问题，已逐步被高速PLC（HPLC）通信所代替。HPLC通信技术经过对组网、路由算法、调测软件、维护工具等方面进行大量优化提升，物理层采用OFDM等技术保障鲁棒传输，数据链路层采用自动快速组网、多网络自动协调等技术保障实时通信，应用层技术实现并发抄表、实时事件主动上报等功能，有效保证了通信质量。HPLC通信模块如图4-42所示。

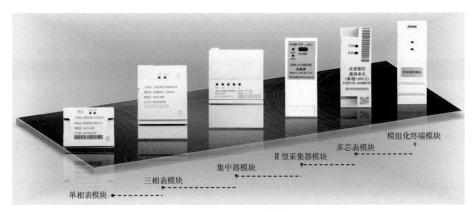

图4-42　HPLC通信模块

单模通信核心参数和芯片如表4-4所示。

表4-4 单模通信核心参数和芯片

核心参数			
工作电源	DC 12V（±5%） AC 220V（±10%）Ⅱ采	通信频率	0.7~12MHz
调制方式	OFDM	通信速率	>1Mb/s
"国网芯"芯片			
MCU		载波芯片	SC 3105/SC 3106

（2）HPLC+RF通信技术

实际应用中，单模通信方式在特定环境下，如建筑物密集、障碍物较多的环境，受限于信号传输能力和覆盖范围，易形成通信"孤岛"。

为了解决上述问题，根据配电网特点，通过HPLC+RF相结合的双模通信方式，在数据采集中优势互补，解决了单纯载波通信或单纯无线通信的抄读盲点和孤岛现象，保证了数据采集的实时性、稳定性和可靠性。双模通信单元实物图如图4-43所示。

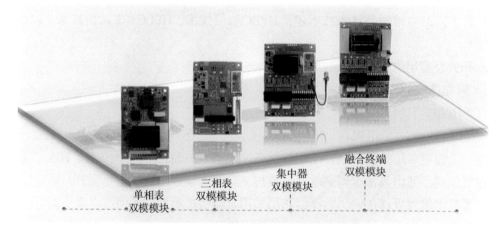

单相表   三相表   集中器   融合终端
双模模块   双模模块   双模模块   双模模块

图4-43 双模通信单元实物图

双模通信核心参数和芯片如表4-5所示。

表4-5 双模通信核心参数和芯片

核心参数			
工作电源	DC 12V（±5%）， AC 220V（±10%）Ⅱ采	通信频率	0.7~12MHz（载波） 470~510MHz（无线）
调制方式	OFDM（载波） GFSK（无线）	通信速率	>1Mb/s（载波） 10~100kb/s自适应（无线）
"国网芯"芯片			
MCU		载波芯片	SC 3105/SC 3106

（3）G3-PLC技术

G3-PLC作为国际通用的两大标准（PRIME、G3）之一，在国外电力系统中被广泛应用，其满足行业对电力线通信的需求，实现了在现有电力线网络上高速可靠的通信。

G3-PLC支持全球范围的频带（10～490 kHz）。与IEC 61334、IEEE P1901和ITU G.hn共存，通过标准确保了互操作性；可以有效穿越MV-LV变压器，从而减少所需的集中器和中继器数量，最小化基础设施成本；支持6LoWPAN，可通过电力线信道传输IPv6数据包，基于IEEE 802.15.4的MAC层可实现互操作性，可以支持新的配电开关、传感器和家庭局域网应用；使用AES-128加密引擎支持MAC级安全性，保护电网资产的安全机制。

2）应用进展

HPLC和无线的双模通信在电力系统中有广泛应用，且各有优缺点。低压电力线载波通信属于有线通信技术，其信道特征受配电网网络结构、用电负荷大小、干扰和噪声等因素影响；而无线通信技术受地理环境、天气因素影响较大，二者信道特征具有互补特性。应用于用电信息采集，具有较强"全费控"业务支撑能力，为用电信息采集通信提供更新换代产品。

HPLC技术将向支持IPv6的IP化载波演进，满足通信、广泛互联、设备管理等需求，是本地通信的重要组成部分。HPLC应用框架图如图4-44所示。

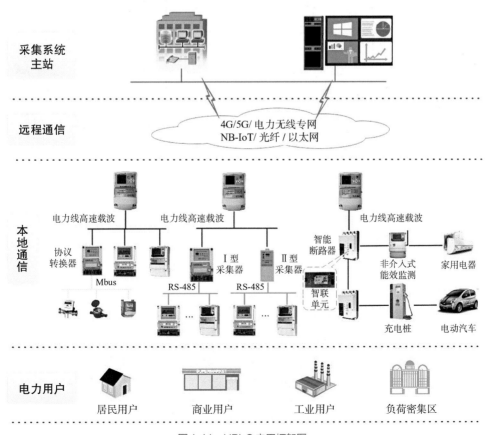

图4-44　HPLC应用框架图

目前HPLC+RF双模通信的应用，有效解决了通信盲点，提升了通信的实时性、稳定性和可靠性。随着中低压配电物联网的发展，HPLC+RF双模通信单元采用CoAP等物联网通信协议，支持IPv6，兼具高速通信和灵活应用的优势，有效解决了低压智能设备类型与数量多、安装位置分散、布线困难和施工停电等问题，实现了设备的广泛互联，助力实现大数据分析，为实现更多电力业务和数据分析提供技术保障。HPLC+RF应用框架图如图4-45所示。

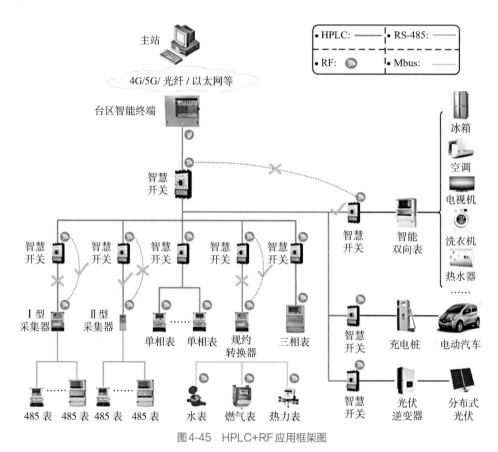

图4-45　HPLC+RF应用框架图

基于G3-PLC通信技术的特点，结合国内PLC使用情况，为避免在同一台区营销、配电同时使用HPLC而产生相互干扰，研发了G3通信模块，实现配电（G3通信）和营销（HPLC通信）的双网独立运行，满足了各自业务的通信需求。

3. 发展展望

随着中低压配电物联网的发展，HPLC技术将向支持IPv6的IP化载波演进，满足通信、广泛互联、设备管理等需求，是本地通信的重要组成部分。

进一步开展双模的物理层和链路层融合技术研究，开发高速无线技术，实现双模性能提升也是将来的技术发展趋势。HPLC+RF技术演进路线如图4-46所示。

PLC、RF　　　　　　　　HPLC+RF　　　　　　　　HPLC+HRF

图4-46　HPLC+RF技术演进路线

4.3.3.2　远程通信接入网

1.概述

远程通信接入网是中压配电业务的传输载体，是业务终端或边缘汇聚节点直接与骨干通信网连接的通信接入网络。

作为公共服务基础平台，电网根据不同业务需求特点，在各地（市）电力公司、县供电公司建设以电力光纤通信为主，中压电力线载波为辅，无线公网等其他方式为补充和延伸的远程通信接入网。在变电站到10kV台区变压器之间，可采用光纤专网、无线宽带专网，以及中压PLC、公网专线等方式覆盖开关站、配电室、环网柜、箱式变电站、柱上断路器、配电变压器等配电站点。

目前主流的远程通信技术主要包括以太网无源光网络、光纤工业以太网、4G/5G网络、电力无线专网、中压电力线载波通信、北斗短报文通信。

2.研究及应用进展

1）研究进展

（1）以太网无源光网络

无源光网络（Passive Optical Network，PON）是光纤接入网的一种，由局端设备（OLT）与多个用户端设备（ONU/ONT）之间通过无源的光缆、光分/合路器等组成的光分配电网（ODN）连接。下行采用广播方式，上行采用时分多址方式，可以灵活地组成树形、星形、总线型等拓扑结构。PON全部由无源光器件组成，不包含任何有源电子器件，从而避免了外部设备的电磁干扰和雷电影响，减少了线路和外部设备的故障率，简化了供电配置和网管复杂度，提高了系统可靠性，同时节省了维护成本。与点到点的有源光网络相比，PON的主要特点在于维护简单、成本较低（节省光纤和光接口）和较高的传输带宽；在接入应用方面，一般上、下行速率不对等（相对来说下行速率需求高），点对多点的应用便于最大化利用网络资源。目前，国内外的主流电信运营商均应用EPON/GPON/XG(S)-PON技术大力发展宽带接入提速服务，光进铜退正在快速发展。2016年，ITU-TG.9807.1定义了XGS-PON规范。在XG-PON基础上，将线路速率从非对称速率发展到对称速率，上行10Gb/s、下行10Gb/s。目前XG(S)-PON已大规模商用，50G-PON技术是近几年ITU-T研究发展的重点，50G-PON同样采用点到多点架构和时分复用技术，通过单波长提供50Gb/s速率，在XG(S)-PON基础上提升了5倍，支持现有ODN

部署和网络的共存升级。目前电力接入网光通信仍以EPON（Ethernet Passive Optical Network，以太网无源光网络）技术为主，随着配电物联网建设与数字化转型发展，智能化业务对接入带宽及通信质量的需求提升，支持更高接入速率的XG-PON技术将在局部得到应用。

EPON是一种新型的光纤接入网技术，其采用树形、星形、总线型点到多点结构的单纤双向光接入网络，在以太网之上提供多种业务。在物理层采用无源光网络技术，在数据链路层采用以太网通信协议，其采用点到多点结构、无源光纤传输方式，在以太网之上提供多种业务。EPON系统由局部的光线路终端（OLT）、用户侧的光网络单元（ONU）和光分配电网络（ODN）组成，为单纤双向系统。在下行方向（OLT到ONU），OLT发送的信号通过ODN到达各个ONU。在上行方向（ONU到OLT），ONU发送的信号只会到达OLT，而不会到达其他ONU。为了避免数据冲突并提高网络利用效率，上行方向采用TDMA多址接入方式并对各ONU的数据发送进行仲裁。ODN在OLT和ONU间提供光通道。EPON的最大传输距离为20km，提供上、下行对称的1.25Gb/s传输速率。EPON的上行传输时延小于1.5ms，下行传输时延小于1ms。EPON采用分光器进行光功率分配，不需要电源，单点失电后不会影响其他站点的工作。

（2）光纤工业以太网

工业以太网是在以太网和TCP/IP技术的基础上开发出的一种工业用通信网络，是一种集光通信、以太网接入、异步数据传输于一体的数据传输网络。工业以太网使用工业交换机，采用分段冗余、相交环、相切环等方式组网，支持光纤接口、以太网接口实现业务接入。工业以太网技术与商业以太网（IEEE 802.3标准）兼容，但能够满足工业控制现场的需要，能够在电磁干扰、高温和机械负载等极端条件下工作，广泛应用于工业控制领域。工业以太网最大传输距离为20km，单个端口带宽接近100/1000Mb/s。环网组网时，环上各个节点共享100/1000Mb/s带宽，单台交换机的时延小于0.5ms，可支持接入大量的终端。

光纤工业以太网是以光纤为通信介质的工业以太网。工业以太网可以通过光缆和双绞线传输信息，并针对工业环境对工业控制网络可靠性能的超高要求，加强了冗余功能。其在技术上与以太网兼容，在产品设计、材质选用等方面充分考虑了实时性、互操作性、可靠性、抗干扰性等工程应用的需要。

（3）4G网络

3GPP设立长期演进（Long-term Evolution，LTE）标准化项目自2005年年初正式启动，于2008年12月完成LTE第一个版本的技术规范（Rel.8）。之后，3GPP在通过Rel.9对LTE标准进行局部增强后，于2009年启动了向LTE-Advanced（LTE-A）演进的研究和标准化工作，并相继完成了Rel.10、Rel.11和Rel.12版本，以实现更高的峰值速率和更大的系统容量。2010年，我国提交的TD-LTE演进版本TD-LTE-A和LTE-AFDD被接收为4G国际标准。LTE-A关键技术包括载波聚合、增强多天线、多点协作传输、中继、下行控制信道增强、物联网优化、热点增强等技术，提高了无线通信系统的峰值数据速率、峰值频谱效率、小区平均谱效率、小区边界用户性能，同时也提高了整个网络的组网效率。目前我国最常用的移动通信技术是4G技术。

（4）5G网络

5G技术的核心任务是提高性能和满足多样化的要求，主要特点是高可靠性、低时延和具有开放的技术架构。由于5G技术的通信特征适应电力系统的特定需求，因此，5G技术也开始逐渐被电力业务所采用。与4G技术相比，5G技术具备以下重要特点：一是更高速率，5G峰值速率增长数十倍，从4G单基站的最大100Mb/s提高到最大20Gb/s，每个用户至少获得100Mb/s速率；二是更多连接，国际电信联盟（International Telecommunication Union，ITU）定义的5G物联网连接数支持100万个连接/平方千米；三是更低时延，ITU定义5G端到端时延可低至1ms，仅为4G时延的十分之一。

5G网络还具备网络切片、多接入边缘计算等特性。在网络切片方面，5G网络将所需的网络资源灵活、动态地在全网进行分配及能力释放，将物理网络通过虚拟化技术分割为多个相互独立的虚拟网络切片，通过动态的网络功能编排形成完整的实例化网络架构。在多接入边缘计算方面，在靠近物或数据源头的网络边缘侧，通过将网络、计算、存储等核心能力向网络边缘迁移，使应用、服务和内容可以实现本地化、近距离、分布式部署，从而有效提升移动网络的智能化水平，促进网络和业务的深度融合。

（5）电力无线专网

电力无线专网是专门为电网业务提供的广域无线通信网络，相对于运营商面向大众普通用户提供的无线通信网络，具有定制化的安全保障策略、差异化的可靠传输机制、按需部署的覆盖及组网方案、快速精准的故障定位能力等特征。我国电力无线专网分为230MHz和1800MHz电力无线专网。230MHz电力无线专网频率为223.025～235.000MHz，覆盖范围市区内3～5km，农村地区15～20km，包括LTE-G和IoT-G两种技术体制，该系统引入OFDM、高阶调制、高效编码等新技术，提高了频谱效率，使系统具有优越的解调性能，提升了系统的抗干扰能力。

目前，电力无线专网基于4G和5G技术，主要以LTE及NB-IoT技术体制为基础，其中，230MHz电力无线专网在电力授权频段内采用离散载波聚合及动态频谱共享等技术，形成宽带通信资源以满足电力业务应用。基于5G技术的电力无线专网，可通过与运营商共建共享方式，实现不同层级的物理或虚拟专网，基于5G切片、移动边缘计算（Mobile Edge Computing，MEC）、能力开放等技术，以及频谱、基站、核心网等资源，实现逻辑或物理隔离的电力无线专网。

（6）中压电力线载波通信

电力线载波通信（Power Line Communication，PLC）技术是指将电力线路作为传输通道进行数据传输的一种通信技术，是电力系统特有的一种通信方式。

中压电力线载波通信是以10kV电力线为传输通道来实现数据传输的通信技术，是电力公司专属的有线专网通信技术。随着配电自动化和配电通信网建设需求的增长，以及新型微电子技术及数字通信技术的发展，中压电力线载波通信技术逐渐成熟，在传输距离、通信速率、通信可靠性上已能够满足配电自动化业务的需要，其作为专属有线通信技术的诸多优势逐渐凸显，配电自动化、调度自动化及用电信息采集方面的研究和应用也受到越来越多的重视。作为电网专用的有线通信方式，其带宽、时延、通信可靠性及数据安全性可以很好地满足配电自动化的"三遥"、馈线自动化及用电信息采集的"曲线数据"等各种业务传输需求。载波信号在配电线路中传输，不受地理环境的影响，配电线路架设到哪里，通信就可以延伸到哪里。安装施工不受地形、环境和区域的限制，建设成本低，可以实现各类供电区域的全覆盖。由于配电线路分布广泛，以现有的、完善的配电线路作为传输通道，就不需要重新敷设通信线路，节省了敷设线缆、架设塔杆及征用土地的费用，节约了大量人力、物力和财力。配电线路有专人维护，不需要依靠第三方或另外组建维护队伍，减少了运行和维护费用。

（7）北斗短报文通信

北斗卫星导航系统是我国自主研发的全球卫星导航系统，能够提供高精度、高可靠性的短报文通信服务。北斗短报文通信是北斗卫星导航系统的三大功能之一，是其区别于其他卫星导航系统的特有的卫星通信功能，该项功能已逐步成熟且开放使用，将广泛应用于无公网覆盖的地区，为公网通信薄弱环节的用户提供双向短报文数据通信能力。北斗短报文通信具有不受传输距离限制，安全性、可靠性比较高，线路、厂站投资较小，安装方便的特点。北斗短报文通信具有用户机与用户机、用户机与地面控制中心间双向数字报文通信功能。单程通道时延一般为0.27s，双程约为0.54s。由于目前全国只用了不到10%，正常系统排队时延1~2s，预计最大排队时延20~30s。短报文不仅可实现点对点双向通信，而且其指挥端机可进行点对多点的广播传输，为各种平台应用提供了极大的便利。

2）应用进展

（1）以太网无源光网络

EPON通信传输距离长，组网方式灵活，通信速率高、带宽大、抗电磁干扰能力强，但其部署成本高，建设周期长，施工难度大，适用于大带宽需求、高可靠、低时延类业务，如配电自动化"三遥"、精准负荷控制、继电保护等业务，目前国家电网公司的配电网自动化项目多采用EPON进行接入层光纤组网。

（2）光纤工业以太网

工业以太网设备抗恶劣物理环境优势明显，通信传输距离长，通信速率快、带宽大、抗电磁干扰能力强，数据传输质量好，但组网方式欠灵活，网络扩展代价大、实施复杂，抗多点失效能力弱，适用于大带宽需求、高可靠、低时延类业务，如配电自动化"三遥"、精准负荷控制、视频监控等业务，在南方电网公司的配电网自动化中应用得比较多。

（3）4G网络

4G网络覆盖范围广（覆盖半径为1~3km），组网灵活，带宽大，性能受网络负荷影响，速率波动较大。4G网络的接入方式安全性相对较低。4G网络适用于无专网覆盖地区、对安全和可靠性要求低的业务，如用电信息采集、配电自动化"二遥"、电动汽车充电桩等无线接入业务。

（4）5G网络

5G网络支持增强移动宽带、海量连接和低时延高可靠连接三大应用场景，具体如下。

① 增强移动宽带类应用：如4K高清视频监控及无人机巡检等。

② 海量连接类应用：适用于电网中传感器数据采集等应用，如用电信息采集等。

③ 低时延高可靠类应用：适用于对通信时延及可靠性要求较高的控制类电力业务，如配电网差动保护、精准负荷控制等。

（5）电力无线专网

230MHz电力无线专网传输距离长，组网方式灵活，通信速率高、带宽大、抗电磁干扰能力强，安全可靠，但一次性投资部署成本较高，产业链相对公网不够成熟。1800MHz电力无线专网频率为1785～1805MHz，市区内的覆盖半径为1～3km，农村地区的覆盖半径为5～10km，包括核心网、基站、通信终端、网管系统等。1800MHz电力无线专网应用广泛，适用于配电自动化、用电信息采集、精准负荷控制、视频监控、分布式电源、电动汽车充电站（桩）等多类业务。

（6）中压电力线载波通信

中压电力线载波通信在解决无线信号盲区采集终端的上行通信问题上，已经形成成熟的技术和产品，并在全国范围内实现了较大规模的应用。在配电自动化方面，目前也已形成成熟的技术和产品，并在江苏、山东等省份实现了一定规模的应用。从应用效果看，将中压电力线载波通信与光纤通信、无线公网通信相结合，进行优势和劣势互补，可以很有效地实现配电自动化和用电信息采集的全覆盖，具有很好的应用前景。

（7）北斗短报文通信

北斗短报文数据转发采用北斗导航4.0标准协议，可实现北斗终端与移动终端和北斗主站的互联互通。由于通信容量限制，北斗短报文通信不适合日常通信使用，但能够在普通移动通信信号不能覆盖的情况下进行紧急通信。

3. 发展展望

在市场层面，以国网为例，远程通信模块招标量体现出较为理想的市场占有率，从近四年各远程通信方案的市场占有率来看，230MHz的市场需求量变化不大。由于远程通信网承载着生产控制大区业务与管理信息大区业务之间的横向物理隔离，所以应在通道安全性方面进行较为深入的研究。

4.3.4 智能配电室

1. 概述

智能配电室（含智能台架变、智能开关室等）是基于物联网技术发展起来的新一代配电房。与传统配电房相比，智能配电室加装了负荷监测、设备状态监测与环境监测等传感器，通过有线/无线网络将配电室数据上传至系统，系统对各类数据进行分析归纳，实时监测配电室电气数据，以及设备与环境状态。因加装了各类传感器，其可实现低压配电网的可观、可测。

（1）通过进、出线负荷监测传感器，实时掌握进线与各路出线的三相电压、电流、有功、无功情况，分析计算变压器与各路出线的负载率、三相不平衡率、重过载次数等关键信息，可以在变压器或低压分路出线重、过载前发出警告，也能有效指导低压业扩工作，做到事前管控。

（2）通过开关柜局放、电缆头测温、红外双光摄像机等传感器实时监测电气设备状态，取代传统的人工巡视，一旦设备状态异常立刻告警。

（3）通过电房温/湿度、烟雾、水浸、门磁等传感器实时监测电房环境状态。例如，在电房易进水处安装水浸传感器，汛期即可通过系统开展远程巡视，不必现场监测，节约人力，提升效率。基于以上优点，越来越多的新建配电房、台架变、开关站等采用智能配电室方案。智能配电室现场如图4-47所示。

图4-47　智能配电室现场

2. 研究及应用进展

1）研究进展

（1）技术特点与技术路线

智能配电室依靠安装在现场的负荷监测、设备状态监测与环境监测传感器采集数据，将多源异构终端数据汇总后上传至网站，为运维人员提供数据支持。为实现这一目标，智能配电室系统架构可分为感知层、网络层、平台层和应用层。其中，感知层由传感器与配电智能网关构成，传感器上送监测数据至网关，网关汇总各传感器数据并通过网络层发送至平台层；网络层提升传感器信息采集、传送的效率与稳定性，支撑业务应用对于配电网透明化的通信信道需求；平台层是所有智能配电室传感器数据的存储与汇总中心，平台层统一部署计算资源，实现各层级数据集中利用与专业间数据协同，为应用层提供数据支撑；应用层对传感器上传的海量数据进行分析、融合，实现智能诊断、智能巡检、智能监控等功能，促进业务领域的创新与优化。智能配电室系统架构如图4-48所示。

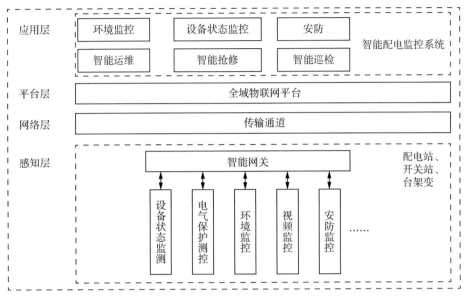

图4-48 智能配电室系统架构

（2）功能要求

智能配电室系统应用了一系列通信协议，所有遵从该通信协议的有线/无线传感器均可通过网关接入系统，实现对各种参数的实时监控，网关及传感器功能介绍如表4-6所示。

表4-6 网关及传感器功能介绍

功能类型	配套装置及传感器名称	实现功能
智能配电室监控终端	智能网关	满足各类传感器数据接入，获取设备状态、环境安防、中低压电气量等监测数据，有边缘计算功能，能够对智能配电室内调温除湿设备、警灯、风机等电气设备进行自动控制
电气测量单元	低压回路测控终端	采集低压回路三相电压、电流、功率、功率因数、开关位置等数据，判断低压短路、过载、缺相、断零故障并进行告警及驱动低压脱扣动作
	无功补偿监控装置	在线监测无功补偿装置的运行状态
	直流系统监测装置	监控每节蓄电池的电压、电流、温度、内阻、容量等参数，并实现阈值设置和告警功能
	用户智能电表	实时采集低压用户的电压、电流、电量、功率、功率因数、三相不平衡度、表前停电事件等数据，并通过宽带载波上传智能总表或集中器

功能类型	配套装置及传感器名称	实现功能
设备状态采集单元	油浸变压器状态量传感器	在线监测油浸式变压器油位、上层油温和油箱内气体压力等
	干式变压器状态量传感器	在线监测干式变压器绕组温度、铁心、风机状态
	中压开关柜局放传感器	监测中压开关柜局部放电产生的暂态地电波、特高频等特征信号
	中压电缆头测温传感器	在线监测中压柜电缆头温度
	低压柜内空间温度传感器	安装在低压柜内顶部中间位置，监测低压柜内空气温度，与电房环境温度比较，以发现发热异常
环境安防监测单元	电房温/湿度传感器	监测电房内环境温/湿度
	空调风机控制器	当电房内环境温/湿度超过预设值时，自动启动空调和风机工作降温抽湿，当温/湿度达标后，控制其自动关机
	空间臭氧传感器	安装在中压柜和配变旁边靠近地面位置，监测附近空间的臭氧浓度
	空间SF6传感器	监测电房内中压柜附近空间SF6的浓度
	烟雾传感器	监测电房内发生火灾产生的烟雾状况，并发出声光告警信号
	水浸传感器	监测电房的水浸情况，可根据运维需求，安装在不同高度，实现水浸预警和水浸停电告警
	门磁传感器	监测电房门开闭状态
	可见光云台高清变焦摄像机	实现电房内大范围高解析视频监控
	红外云台摄像机	实现电房内主要设备的表面温度监测

除此之外，还可选配变压器高低压接线桩头测温传感器、震动传感器等。

应用层应支持监控策略、巡检周期等规则的自由配置，配电运维部门可在默认规则的基础上增加符合自身需求的规则，灵活分析和利用传感器数据。例如，配电运维部门想针对变压器的重载、过载问题做到提前管控，应用层应支持其自行配置重载、过载对应的负荷阈值并缩短巡检周期。

2）应用进展

智能配电室系统在特殊天气的运维工作中起到积极作用。2022年我国南方某地遭遇台风，该地配电运维人员利用智能配电室系统自动巡检功能实时监控配电房、台变、开关站等的站房负荷及进水情况，遇到水浸报警及时安排人员处理。台风期间该地无电房因水浸受损，劳动效率和运维效率得到提高，如图4-49所示。

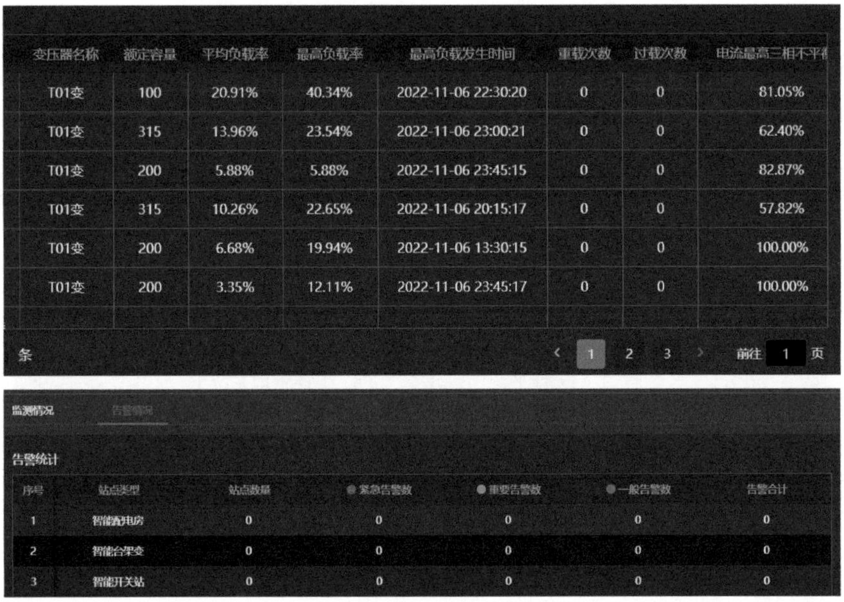

变压器名称	额定容量	平均负载率	最高负载率	最高负载发生时间	重载次数	过载次数	电流最高三相不平
T01变	100	20.91%	40.34%	2022-11-06 22:30:20	0	0	81.05%
T01变	315	13.96%	23.54%	2022-11-06 23:00:21	0	0	62.40%
T01变	200	5.88%	5.88%	2022-11-06 23:45:15	0	0	82.87%
T01变	315	10.26%	22.65%	2022-11-06 20:15:17	0	0	57.82%
T01变	200	6.68%	19.94%	2022-11-06 13:30:15	0	0	100.00%
T01变	200	3.35%	12.11%	2022-11-06 23:45:17	0	0	100.00%

序号	站点类型	站点数量	紧急告警数	重要告警数	一般告警数	告警合计
1	智能配电房	0	0	0	0	0
2	智能台架变	0	0	0	0	0
3	智能开关站	0	0	0	0	0

图4-49　智能配电室自动巡检功能

3. 发展展望

与中压相对成熟的“四遥”（遥测、遥信、遥控、遥调）通信技术及自动化作业体系相比，低压业务一直存在技术手段不足、管理措施不到位、运维人员短缺、客户要求与日俱增等短板。智能配电室技术为低压运行数据的准确、高效获取提供了手段，为低压业务的集约化、靶向化管理提供了数据支撑，为劳动效率提高、作业安全可靠提供了保障，为负荷管控与故障抢修更加主动、迅速提供了有效指导。智能配电室技术将很大程度上扭转低压业务的颓势，变被动为主动。在配电企业普遍面临人员越来越少、设备数量越来越多、负荷越来越大、客户要求越来越高的现状下实现低压运维更专业、低压服务更聚焦、低压基建更精准、低压抢修更高效，进一步满足人民群众在电力领域的获得感和幸福感。

4.4　配电自动化系统

1. 概述

配电网是能源互联网的重要基础，是影响供电服务水平的关键环节。电动汽车、分布式能源、微电网、储能装置等设施的大量接入，以及电力市场的开放和各种用电需求的出现，对配电网的安全性、经济性、适应性提出更高要求。随着配电网的形态与业态变化，电力体制改革及外部监管的不断加强，需要努力提升配电网用电可靠性和客户服务水平，打造更加良好的电力营商环境，因此对配电网运行和调度管理提出了更高的要求。

配电自动化系统是实现配电网运行监视和控制的自动化系统，具备监测控制和数据采集（Supervisory Control and Data Acquisition，SCADA）、故障处理、分析应用及与相关应用系统互联等功能，主要由配电自动化系统（主站）、配电自动化系统（子站，选项）、配电自动化终端和通信网络等组成。

配电自动化系统以配电网调控和配电网运维检修为应用主体，整体实现配电运维管理、抢修管理和调度监控等功能，满足与配电网相关的其他业务协同需求，提升配电网的精益化管理水平。配电自动化系统整体结构示意图如图4-50所示。

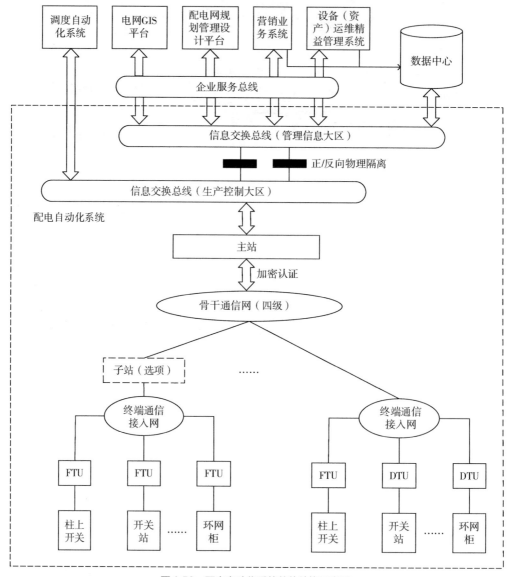

图4-50　配电自动化系统整体结构示意图

目前，配电自动化系统主站架构正由传统配电SCADA系统向开放式新一代配电自动化系统转变，创新管理信息大区功能应用，实现从运行监控到状态管控、从被动故障处理到主动异动预警、从单一调控支撑到全业务功能提升，建设面向能源互联网的数据采集、融合和决策的智能化中枢。

电力系统是由发电、变电、输电、配电和用电等环节组成的电能生产与消费系统，配电网在电力网中起着分配电能的作用，进而满足社会经济及人民群众生活的需要。

配电网自动化也称配电自动化，是以一次网架和设备为基础，以配电自动化系统为核心，综合利用多种通信方式，实现对配电系统的监测与控制，并通过与相关应用系统的信息集成，实现对配电系统的科学管理。其主要目标是提高供电可靠性、改善电能质量和提高运行管理水平及经济效益。

通常意义上讲，配电网自动化系统是指对10（20）kV及以下配电网进行监视、控制和管理的自动化系统，一般由主站、子站、远方终端设备、通道构成。配电网自动化系统的终端装置一般称为配电自动化终端或智能配电终端，用于中压配电网中的开闭所、重合器、柱上分段开关、环网柜、配电变压器、线路调压器、无功补偿电容器的监视与控制，与配电网自动化主站通信，提供配电网运行控制及管理所需的数据，执行主站给出的对配电网设备进行调节控制的指令。智能配电终端是配电网自动化系统的基本组成单元，其性能及可靠性直接影响整个系统能否有效地发挥作用。

配电自动化是指利用现代电子技术、通信技术、计算机及网络技术与电力设备相结合，将配电网在正常及事故情况下的监测、保护、控制、计量和供电部门的工作管理有机地融合在一起，改进供电质量，与用户建立更密切、更负责的关系，以合理的价格满足用户要求的多样性，追求更好的经济性和更高的企业管理效率。从保证用户供电质量、提高服务水平、减少运行费用方面来看，配电自动化系统是一个统一的整体，包括馈线自动化、配变自动化、配电管理、需求侧管理等。配电系统故障检测和处理是配电自动化系统的核心内容。配电系统故障检测和处理在配电自动化中有两类方式：一类是以馈线自动化为基础的方式；另一类是以故障指示器为基础的方式。

2. 研究及应用进展

1）配电自动化系统架构

配电自动化系统架构的主要功能包括完成静态数据建模及实时数据采集，实现主网模型从EMS导入及配电网模型从PMS导入，构建包括配电网与主网在内的完整的电网模型，为相关分析应用打下基础。在此基础上实现配电网运行监控、馈线自动化、配电网高级应用分析、配电仿真，以及智能化的配电网应用等功能。将配电网涉及的设备资源信息、空间地理信息，以及在此基础上开展的实时调度信息、运行维护信息、用电客户需求、应用分析结果等数字资源进行综合可视化展现，支撑调控一体化建设。配电自动化系统通过信息交换总线，遵循IEC 61970和IEC 61968标准，实现与其他系统的业务及数据交互，从而实现各个应用系统之间紧密的纵向和横向信息集成。

县域配电自动化系统一般采用"主站+配电终端"的两层结构，系统软件结构设计采用分层、分布式架构模式，遵从全开放式系统解决方案。配电自动化系统架构如图4-51所示。

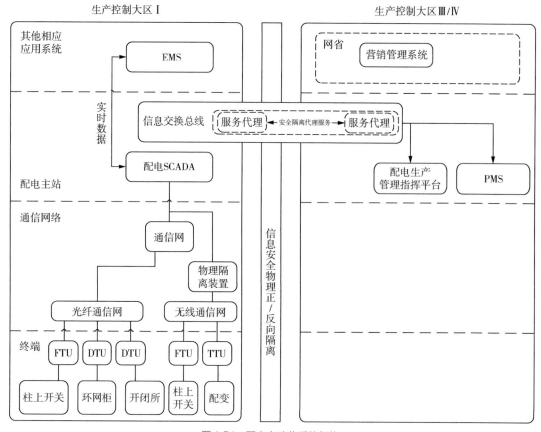

图 4-51   配电自动化系统架构

2）系统功能

（1）系统应用支撑平台功能

系统应用支撑平台作为运行基础，为应用层软件提供一个统一、标准、容错、高可用率的运行环境，以及提供标准的用户开发环境。

① 操作系统

操作系统能够提供实时、多任务、多用户的运行环境，并能有效地利用CPU及外设资源。操作系统能够提供高优先级过程中断低优先级过程的机制，能够监视高分辨率时钟和定时唤醒相应的进程，能够响应和处理各种硬件、软件的中断请求，并能够自动安排其优先级。

② 集成平台

集成平台基于已成熟的行业技术标准，在异构分布环境（操作系统、网络、数据库）下提供透明、一致的信息访问和交互手段，对其上运行的应用进行管理，为应用提供服务，并支持电力控制中心环境下应用系统的集成。集成平台提供统一的共享数据机制和设施，支持应用间协同工作，提供二次开发框架。

- 中间件。系统采用基本中间件、图形中间件技术，有效屏蔽异构系统的差别，提供统一的访问接口，满足各种不同操作系统平台的运行需求。

- 关系数据库软件。关系数据库软件用来存储电网静态模型及相关设备参数。
- 实时数据库。实时数据库专门用来提供高效的实时数据存取，实现系统的监视、控制和电网分析。

③ 系统运行管理

提供分布式的系统运行管理功能，实现对整个系统中的设备、应用功能及权限等进行分布式管理和控制，以维护系统的完整性和可用性，提高系统运行效率。

- 节点状态监视。动态监视服务器CPU负载率、内存使用率、网络流量和硬盘剩余空间等信息。
- 软硬件功能管理。对整个主站系统中硬件设备、软件功能的运行状态等进行管理。
- 状态异常报警。对硬件设备或软件功能运行异常的节点进行报警。
- 在线、离线诊断测试工具。提供完整的在线和离线诊断测试手段，以维护系统的完整性和可用性，提高系统运行效率。
- 提供冗余管理、应用管理、网络管理等功能。

④ 数据库管理

数据库管理功能提供使用方便、界面友好的数据库模型维护工具和数据维护工具，向用户提供数据库表结构和存储数据的增加、删除、修改和查询等维护功能，支持数据库的复制、备份与恢复，以及支持分布式数据库的管理。数据库管理功能支持市场主流关系数据库、实时数据库及动态信息数据库的管理，并对最终用户透明。

按照系统性能指标中的要求，系统最终支持的量测点数将大于5，且保存周期大于3年，其数据规模远大于同级的EMS。为更加高效地处理如此海量的实时、历史数据，除传统的关系数据库和实时数据库以外，较大系统可引入动态信息数据库（为和俗称实时数据库但本质上是内存数据库的调度自动化系统相区分，一般称为实时/历史数据库）。

动态信息数据库是一种基于时间序列的处理海量实时/历史数据库的专用数据库，广泛应用于工业自动化领域。其最大的特点是极高的海量实时数据处理能力、很高的存储压缩比，以及变化存储能力。

- 数据库维护工具具有完善的交互式环境、数据库录入、维护、检索工具和良好的用户界面，可进行数据库删除、清零、复制、备份、恢复、扩容等操作，并具有完备的数据修改日志。
- 数据库同步具备全网数据同步功能，任一元件参数在整个系统中只输入一次，数据和备份数据保持一致。
- 多数据集可以建立多种数据集，用于各种场景，如训练、测试、计算等。
- 离线文件保存支持将在线数据库保存为离线文件和将离线文件转化为在线数据库的功能。
- 具备可恢复性，主站系统故障消失后，数据库能够迅速恢复到故障前的状态。

⑤ 数据备份与恢复

系统提供数据的安全备份和恢复机制，保证数据的完整性和可恢复性。

- 全数据备份：将数据库中所有信息备份。
- 模型数据备份：对单独指定的所需模型数据进行备份。
- 历史数据备份：在指定时间段对历史采样数据进行备份。
- 设定自动备份周期：对数据库进行自动备份。
- 全库恢复：依据全数据库备份文件进行全库恢复。
- 模型数据恢复：依据模型数据备份文件进行模型数据恢复。
- 历史数据恢复：依据历史数据备份文件进行历史数据恢复。
- 系统中所有主机的操作系统、应用程序和业务数据：必须能以"增量"方式持续备份到该备份系统中，保证在系统崩溃后重新启动时，所有的操作系统、应用程序和业务数据能迅速恢复到故障前的指定时段。

⑥ 权限管理

权限管理功能为各类应用提供使用和维护权限控制手段，是实现安全访问管理的重要工具。权限管理功能为各类应用提供用户管理和角色管理，通过用户与角色的实例化对应，实现多层级、多粒度的权限控制；提供对责任区的支持，实现用户与责任区的关联控制；提供界面友好的权限管理工具，方便对用户进行权限设置和管理。

⑦ 告警管理

系统可以根据责任区及用户权限对各类事件、事故进行告警，将告警信息分类、分流显示和处理。在事件/事故时可用不同的告警形式和方法，将告警记录保存入库。系统提供丰富的告警动作，包括语音报警、音响报警、推画面报警、打印报警、中文短消息报警、需人工确认报警、登录告警库等。用户可以自定义新增告警行为。告警分流：可以根据责任区及权限对报警信息进行分类、分流；告警定义：可根据调度员责任及工作权限范围设置事项及告警内容，告警限值及告警死区均可设置和修改；画面调用：可通过告警窗中的提示信息调用相应画面；告警信息可存储、打印，以及长期保存，并可按指定条件查询、打印。

⑧ 报表管理

报表管理功能为系统的各个应用提供报表编制、管理和查询机制，方便各类应用实现报表功能，具有报表变更和扩充等管理功能，支持跨年数据、年数据、季度数据、月数据、日数据、时段数据的同表定义、查询和统计。

⑨ CASE 管理

CASE管理功能是系统实现应用场景数据存储和管理的公共工具，便于使用特定环境下的完整数据开展分析和研究。其包括CASE的存储触发、存储管理、查询、浏览、检验和比较功能，并具有CASE匹配、一致性及完整性校验功能。

⑩ Web功能

按照国家电网公司《全国电力二次系统安全防护总体框架》的要求，系统在安全Ⅰ

区建立标准的 Web 站点，便于部分非 I 区系统的用户在保证 I 区系统安全的前提下，根据不同授权级别，利用浏览器工具通过访问 Web 服务器获得系统发布的部分信息。安全 Web 方案包括实时系统与 Web 子系统的数据传送和 Web 信息发布两个主要方面。

（2）模型管理

配电主站系统模型范围覆盖主网及配电网，包括10kV 配电网图模数据及 EMS 上级电网图模数据。依据图模维护的唯一性原则，配电主站系统模型管理总体思路是：10kV 配电网图模信息从 PMS 获取，主网模型从 EMS 获取，由配电主站系统完成主、配电网模型的拼接，以及模型动态变化管理功能，构建完整的配电网分析应用模型。配电主站系统与相关系统的图模交换全部通过信息交换总线实现。

配电主站系统模型管理总体流程如图4-52所示。

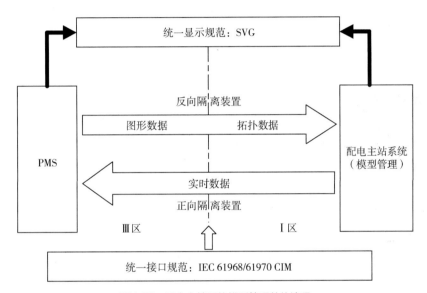

图 4-52 配电主站系统模型管理总体流程

① 10kV 配电网图模转换流程

在 PMS 框架内，建立与其他服务平台（特别是电网资源管理平台）紧密耦合的电网 GIS 服务平台，包括对空间数据的管理、电网图形数据的管理、电网特殊区域的管理、空间数据分析服务、电网拓扑分析服务、电网图形操作服务及各类专业高级分析服务，而配电 GIS 服务平台内部不维护电网模型，所有的电网模型统一由 PMS 维护，PMS 提供电网模型的服务接口，配电 GIS 服务平台调用该接口。因此10kV 配电网图模数据由 PMS 维护，PMS 按照 CIM/SVG 格式导出配电网的模型及相关图形，配电主站系统中不再维护 10kV 的图模，而是通过信息交换总线接收 PMS 导出的图模信息，并转换到配电主站系统中。

② 上级电网模型数据转换流程

地调 EMS 维护有完整的上级电网的图形和模型信息，EMS 按照 CIM/SVG 格式导出上级电网的模型及相关图形，配电主站系统通过信息交换总线接收EMS导出的上级电网图模信息。

③ 电网数据模型拼接

配电主站系统通过信息交换总线获取10kV配电网图模数据和主网图模数据，然后在图模库一体化平台上实现馈线模型与站内模型的拼接，在配电主站系统中可以得到从10kV到220kV完整的电网网络模型，为配电网调度的指挥管理提供了完整的电网模型及拓扑资料。

④ 配电网络模型动态变化处理机制

针对配电网建设和改造频繁的情况，采用配电网络模型动态变化处理机制（又称红黑图机制）可解决现实模型（黑图）和未来模型（红图）的实时切换和调度问题。

- 能够用红黑图机制反映配电网模型的动态变化过程。
- 可用黑图、黑拓扑及黑模型反映现实模型，红图、红拓扑及红模型反映未来模型。
- 设立实时、黑图模拟操作和红图模拟操作三个模式。模式之间可以随意切换，以满足对现实和未来模型的运行方式研究，以及图形开票的需要。
- 实现投运、未运行、退役全过程的设备生命周期管理。
- 设备由红图到黑图（或由黑图到红图），配电主站系统与PMS通过流程确认机制，保证两个系统设备状态的一致性。
- 支持红图投运、设备投运操作方式。

（3）配电SCADA功能

配电SCADA是配电运行监控系统的基础功能，实时监视和分析配电网的运行状况，达到配电网络安全、经济运行的目的，同时为各级管理人员提供生产管理决策依据。

① 数据采集

- 在故障情况下前置服务器能自动切换，且能做到切换过程中不丢失数据，实现主备通道的无缝切换。
- 能够实现同一个终端两个不同IP地址的自动连接切换，实现各类数据的采集和交换。
- 能满足大数据量采集的实时响应需要，支持数据采集负载均衡处理。
- 支持多种通信规约（包括DL/T 634《远动设备和系统》或其他国内标准、国际标准规约）、多种应用、多类型的数据采集和交换。
- 支持多种通信方式（如光纤、无线等）的信息接入和转发功能。
- 具备错误检测功能，能对接收的数据进行错误条件检查并进行相应处理。
- 具备通信通道运行工况监视、统计、报警和管理功能，以及通信类端在线监视功能。

② 数据处理及数据记录

配电主站系统提供模拟量处理、状态量处理、非实测数据处理、点多源数据处理、数据质量码、平衡率计算、统计计算等功能。

- 模拟量处理：能处理一次设备（线路、变压器、母线、开关等）的有功功率、无功功率、电流值、电压值，以及主变挡位等。
- 状态量处理：能处理包括开关位置、隔离开关位置、接地开关位置、保护状态，以及远方控制投退信号等其他各种信号在内的状态量。
- 非实测数据可由人工输入也可由计算得到，以质量码标注，并与实测数据具备相同的数据处理功能。
- 点多源数据处理：同一测点的多源数据在满足合理性校验的条件下进行判断选优，并将最优结果存入实时数据库，并提供给其他应用功能使用。
- 数据质量码：可以对所有模拟量和状态量配置数据质量码，以反映数据的质量状况。在图形界面可以根据质量码以相应的颜色显示数据。
- 统计计算：能根据调度运行的需要，对各类数据进行统计，并提供统计结果。

配电主站系统还提供SOE、周期采样、变化存储等功能。

- 事件顺序记录（Sequence of Event，SOE）：能以毫秒级精度记录所有电网开关设备、继电保护信号的状态、动作顺序及动作时间，形成动作顺序表。SOE包括记录时间、动作时间、区域名、事件内容和设备名。能根据事件类型、线路、设备类型、动作时间等条件对SOE分类检索、显示和打印输出。
- 周期采样：能对系统内所有实测数据和非实测数据进行周期采样。支持批量定义采样点及人工选择定义采样点，采样周期可选择。
- 变化存储：支持变化量测即存储的能力，完整记录设备运行的历史变化轨迹。能对系统内所有实测数据和非实测数据进行变化存储，支持批量定义存储点及人工选择定义存储点。

③ 事件与事故处理

配电主站系统具备以下多项功能，实现事件与事故处理：

- 越限报警处理功能。对模拟量可分别设置报警上限、下限，有效上限、下限，当数据越限时可生成报警记录。
- 遥信变位报警功能。开关、通道状态等遥信出现变位时产生报警记录。
- 报警提示。在人机工作站的报警窗口显示实时报警，并提供事件查询窗口，在画面上以特殊颜色显示关联遥测和遥信，用户亦可定义自动弹出关联画面或语音报警。
- SOE处理功能。接收终端单元发送的SOE信息并存入历史事件库。
- 支持全息历史反演和事故反演。

④ 人机界面

人机接口符合X-Windows和OSF/Motif等国际标准，支持全图形、高分辨率、多窗口、快速响应的图形显示。图形画面采用浮点坐标体系，支持平移、无级缩放、无限漫游。系统支持用户定义的画面分层显示，支持将地理背景作为画面的一层，将多个缩放等级的图形无缝融合在一个画面中，以及支持报警窗口自动弹出功能。

采用多屏显示、图形多窗口、无级缩放、漫游、拖曳、分层分级显示等，调度工作站支持一机双屏。

⑤ 操作与控制

操作与控制包括人工置数、标识牌操作、闭解锁操作、远方控制与调节功能。

- 人工置数的数据类型包括状态量、模拟值、计算量；人工置数的数据应进行有效性检查。
- 提供多种自定义标识牌功能，通过人机界面对一个对象设置标识牌或清除标识牌，在执行远方控制操作前应先检查对象的标识牌，对所有标识牌操作应进行存档记录。
- 闭解锁操作用于禁止对所选对象进行特定的处理。
- 控制类型包括断路器、隔离开关、负荷开关的分合，投/切无功补偿装置，以及单设备控制、序列控制、解/合环控制等。
- 系统支持单席操作/双席操作和普通操作/快捷操作的方式。在控制过程中采取严格的控制流程、选点自动撤销、安全措施等。
- 系统提供多种类型的远方控制自动防误闭锁功能，包括基于预定义规则的常规防误闭锁和基于拓扑分析的防误闭锁功能。

⑥ 分区分流

应用信息的分流技术可以对所有的实时信息（如全遥信、遥信变位、全遥测、变化遥测、厂站工况、越限信息及各种告警信息）进行有效分流和分层处理，减小网上的报文流量，提高响应速度，从而提高整个系统的性能和信息吞吐量。

每个中心监控站只处理该责任区域内需要处理的信息，告警信息窗只显示和该责任区域相关的告警信息，遥控、置数、封锁、挂牌等调度员操作只对责任区域内的设备有效，起到各个工作站节点之间信息分层和安全有效隔离的作用。

⑦ 系统多态

系统具备实时态、测试态、研究态等多种运行方式，可以进行终端信息的调试和系统功能的调试，而不会对正常的系统功能产生影响，并且可以在实时态、测试态和研究态间进行相互切换。

⑧ 网络拓扑

系统可以完成与网络拓扑相关的一些分析和计算，如全网的电气拓扑分析、线路着色、电源点追踪、供电区域着色、负荷转供等。

⑨ 防误闭锁

在传统五防/防误技术的基础上，还应提供基于拓扑的五防功能，具备基于网络拓扑的系统级防误闭锁功能，为调控操作的安全提供良好的保障机制。

⑩ 系统时钟和对时功能

该系统为整个网络提供时钟源，支持多种时钟源、终端对时、人工对时，具有安全保护措施，并可人工设置系统时间。主站可对各种终端设备进行对时。

⑪ 打印功能

该系统具备打印各类报表、图形、数据的功能，包括定时和召唤打印各种实时及历史报表、批量打印报表、各类电网图形及统计信息打印等功能。

⑫ Web发布浏览

该系统可以将配电主站的图形数据、实时数据、报表数据以Web形式实时发布到内部网上，根据相应权限方便相关人员浏览配电网的实时运行状态。自动实现与Ⅰ区配电SCADA数据和图形的同步。

（4）基于地理背景的SCADA

系统提供基于地理背景的配电SCADA功能，具备在基于地图背景的全域图、地理单线图、单线接线图、环网接线图上灵活选择进行开关分/合控制，自动安全检查，并显示最新状态及影响结果。

由于配电网设备的地理分布广、线路多、设备类型多、供电网络和供电方式动态灵活多变，在配电网异常情况下，方便调度人员通过地图背景快速定位故障，并指导抢修。

系统具备自动生成基于地图背景的全域图、地理单线图、单线接线图、环网接线图等功能。

（5）配电网分析应用

对配电网运行状态进行有效分析，实现智能配电网的优化运行。

① 网络建模

通过网络建模方式实现对主网模型与配电网模型数据准确、完整、高效的描述，并且准确描述配电网模型中的所有电气元件及其连接关系和参数。

② 拓扑分析

拓扑分析是指通过分析配电网各个电气元件的连接关系和运行方式，确定实时网络结构。拓扑分析作为配电网分析应用软件的公共模块，既可作为一个独立应用，也可为其他应用提供初步分析结果，为进一步分析应用奠定基础。

③ 负荷特性分析

负荷特性分析是指综合FTU/DTU/TTU实时数据和采集的用电信息，以及负荷管理等系统中的准实时数据，补全配电网数据，进行综合分析，实现配电网全网状态可观测。

④ 状态估计

状态估计是指利用实时量测的冗余性，应用估计算法来检测与剔除坏数据，提高数据精度，保持数据的一致性，实现对配电网不良量测数据的辨识，并通过负荷估计及其他相容性分析方法进行一定的数据修复和补充。

⑤ 潮流计算

潮流计算是指根据配电网络指定运行状态下的拓扑结构、变电站母线电压（馈线出口电压）、负荷类设备的运行功率等，计算整个配电网络的节点电压及支路电流、功率分布。

对于配电自动化覆盖区域，由于实时数据采集较全，可进行精确的潮流计算；对于配电自动化尚未覆盖或未完全覆盖区域，可利用用电信息采集系统、负荷管理系统的准实时数据，以及状态估计数据尽量补全数据，进行潮流估算。

⑥ 合环潮流分析计算

合环操作将引起原供电电源区域的潮流变化，为了保证电网运行的安全性，有必要进行合环潮流分析计算，通过对合环操作的精确模拟计算，给出开关合环时的最大冲击电流、稳态合环电流，以检验合环操作相关支路的潮流及其有功功率、无功功率、电流数值，以及母线电压是否越限，给出合环操作安全校验结果及建议。

⑦ 运行方式及负荷校验

运行方式及负荷校验是指在实现配电网模型动态管理的基础上，结合配电网实时、准实时数据，实现对配电设备异动流程的安全性校验，具体包括设备过载校验、N-1 校验等。

⑧ 线损分析

线损分析是指依据实时或准实时的覆盖全电压等级的电能量综合数据采集及分析结果，实现实时或准实时线损计算功能，将线损计算分析结果应用于降损决策，掌握配电网的电能损耗，同时为配电网经济运行分析提供数据支撑。

⑨ 经济运行分析

通过综合分析配电网网架结构和用电负荷等信息，生成配电网络优化方案，并通过改变配电网运行方式等相关措施，达到降低配电网网损的目的。

（6）配电网仿真操作功能

配电网仿真操作能够在所有配调工作站上运行，能够给操作人员提供具有真实感的仿真环境，起到运行模拟仿真、调度员仿真培训等作用。配电网仿真操作不影响系统的正常监控，其主要功能包括控制操作仿真、运行方式模拟和故障仿真。

① 控制操作仿真功能

该功能能够模拟对变电站、开闭所、环网柜、开关等的控制操作，提供与实时监视及控制相同的操作界面。

在模拟状态下，在所有计算机上都可以任意拉合开关并进行停电范围分析，通过对停电区域的跟踪，分析导致区域停电的设备故障，直观反映模拟电网的情况。

② 运行方式模拟功能

配电自动化系统应具有模拟过负荷情况下操作的功能。通过配电自动化系统的智能自愈功能，根据线路的过负荷及预测过负荷等情况，进行运行方式调整计算，模拟事故的手动/自动处理方式。

③ 故障仿真功能

仿真软件能模拟任意地点的各类故障和系统的状态变化，为实际运行方式提供参考方案。

在模拟研究模式下，可人为设置假想故障，系统自动演示故障的处理过程，包括故障定位、隔离过程及主站恢复策略的预演等。

配电自动化系统应具备馈线自动化技术的仿真测试环境，提供一次配电网、故障、算法、结果匹配等环节的仿真。

（7）馈线自动化功能

配电网故障停电时，主站系统通过对配电SCADA采集的信息进行分析，判定出故障区段，进行故障隔离，根据配电网的运行状态和必要的约束判断条件生成网络重构方案，调度人员可根据实际条件选择手动、半自动或自动方式进行故障隔离并恢复供电。

系统能够处理发生的各种配电网故障，并具有同时处理在短时间内多个地点发生故障的能力，快速恢复供电。

① 故障定位、隔离及非故障区段的恢复

a. 故障定位。系统根据配电终端传送的故障信息，快速定位故障区段，并在配调工作站上自动推图，以醒目方式显示故障发生点及相关信息。

b. 故障区段隔离。对于瞬时故障，若变电站出线开关重合成功，恢复供电，则不启动故障处理，只报警和记录相关事项；对于永久性故障，若变电站出线开关重合不成功，则启动故障处理。

系统根据故障定位结果确定隔离方案，故障隔离方案可以自动进行或经调度员确认后进行。

c. 非故障区段恢复供电。故障处理过程可选择自动方式或人机交互方式进行，执行过程中允许单步执行，也可在连续执行时人工暂停执行。在故障处理过程中，完成常规的遥控执行之后应查询该开关的状态，以判断该开关是否正确执行，若该开关未动作，则停止自动执行，并提示系统运行人员，以示警告。

可自动设计非故障区段的恢复供电方案，并能避免恢复过程中导致其他线路过负荷；在具备多个备用电源的情况下，能根据各个电源点的负载能力，对恢复区域进行拆分恢复供电。

② 多重故障的处理

系统具备多重故障同时处理的功能，且各故障处理之间相互不受影响。系统根据故障优先级划分，并按优先级进行处理。系统对事故的处理支持分项目、分区间管理；针对多重事故，系统从整个供电网络的预备力、变压器的预备力、连接点的电压降、联络点的预备力、线路分段开关的预备力等综合考虑，做出最优的供电恢复方案。

③ 故障处理安全约束

系统可灵活设置故障处理闭锁条件，避免保护调试、设备检修等人为操作的影响。故障处理过程中具备必要的安全闭锁措施，如通信故障闭锁、设备状态异常闭锁等，保证故障处理过程不受其他操作干扰。

④ 故障处理控制方式

对于不具备遥控条件的设备，系统通过分析采集遥测、遥信数据，判定故障区段，并给出故障隔离和非故障区段的恢复方案，通过人工介入的方式进行故障处理，达到提高处理故障速度的目的。

对于具备遥测、遥信、遥控条件的设备，系统在判定出故障区段后，调度员可以选择远方遥控设备的方式进行故障隔离和非故障区段的恢复，或采用系统自动闭环处理的方式进行控制处理。

对于单辐射线路故障隔离，则通过设备与变电站出口断路器重合闸配合完成，故障前段供电恢复由主站遥控出口断路器重合闸完成。

⑤ 馈线自动化模式

馈线自动化功能是指根据采集到的配电终端故障信息，监视配电线路的运行状况，及时发现线路故障，迅速诊断出故障区间并将故障区间隔离，从而快速恢复对非故障区间的供电。主站馈线自动化功能将按照下面五种模式设计：

a. 集中型全自动。主站根据各配电终端检测到的故障报警，结合变电站、开闭所等继电保护信号、开关跳闸等故障信息，启动故障处理程序，确定故障类型和发生位置。采用声光、语音、打印事件等报警形式，并在自动推出的配电网单线图上，通过网络动态拓扑着色的方式明确地表示出故障区段，根据需要，主站可提供事故隔离和恢复供电的一个或两个以上操作预案，辅助调度员进行遥控操作，从而达到快速隔离故障和恢复供电的目的。

b. 智能分布式。配电终端之间通过相互间通信确定故障区域，然后快速实现故障区域的精确隔离、恢复非故障停电区域供电的功能，事后配电终端将故障处理的结果上报给配电主站。配电主站不参与协调与控制，仅实现故障信息的显示和保存。

c. 集中型+智能分布式。配电终端之间通过通信确定故障区域，从而快速实现故障区域的精确隔离，然后将故障定位和隔离的结果上报给配电主站，配电主站根据终端上报的故障信息来恢复非故障区域的供电。

d. 电压—时间型。设备通过变电站一次重合（重合时间为1s）配合，"电压-时间型"分段开关就地完成故障区域的判定及隔离。故障区域被隔离后主站系统遥控变电站出线开关和联络开关合闸，完成非故障区域的恢复供电。

e. 控制权转移。主站系统通过与EMS交互操作，实现馈线自动化对变电站10kV出口开关的控制。

（8）智能化应用功能

在配电自动化信息完备的基础上，智能化应用功能实现分布式电源/储能/微电网接入与控制、配电网自愈化控制、智能监视预警等。

① 分布式电源/储能/微电网接入与控制

配电自动化主站系统提供分布式电源接入与运行控制模块，实现对分布式电源运行监测与控制，以及实现对分布式电源运行情况、运行数据的动态监视，为分布式电源运行规律的统计分析提供切实有效的数据积累和技术手段。

a. 分布式电源接入及监视控制。分布式发电一般是指发电功率在数千瓦至50MW的小型化、模块化、分散式、布置在用户附近为用户供电的、连接到配电网系统的小型发电系统。现有研究和实践已表明，将分布式发电供能系统以微电网的形式接入大电网并网运行，与大电网互为支撑，是发挥分布式发电供能系统效能的有效方式。微电网是指由分布式电源、储能装置、能量变换装置、相关负荷和监控、保护装置汇集而成的小型发配电系统，是一个能够实现自我控制、保护和管理的自治系统，既可以与大电网并网运行，也可以孤立运行。

微电网是分布式发电的重要形式之一，微电网既可以通过配电网与大型电力网并联运行，形成一个大型电网与小型电网的联合运行系统，也可以独立地为当地负荷提供电力需求，其灵活运行模式大大提高了负荷侧的供电可靠性。同时，微电网通过单点接入电网，可以减小大量小功率分布式电源接入电网后对传统电网造成的影响。另外，微电网将分散的不同类型的小型发电源（分布式电源）组合起来供电，能够使小型电源获得更高的利用效率。

合理的微电网控制策略是保证微电网在不同运行模式之间顺利切换的关键，微电网控制策略主要有主从控制策略和对等控制策略两种。从目前国内外实用化的微电网技术看，基于主从控制策略的微电网系统已经逐步商业化，而基于对等控制策略的微电网系统，仍处于广泛研究中。

利用有线、无线 GPRS/CDMA 等信号传输方式，分布式电源测控终端与调控一体化主站进行数据通信，实现分布式电源运行监测数据接入及对分布式电源测控终端的控制。

分布式电源并网监测信息可能包括有功和无功输出、发电量、功率因数，并网点的电压和频率、注入配电网的电流、断路器开关状态等。

以风能实时监测、太阳辐射度监测和分布式能源发电出力等数据为基础，对分布式能源发电运行情况进行监视，计算实时资源分布并对发电能力进行评估，对风/电场、光伏电站出力剧烈波动等极端情况提供报警。

主站系统还可具备对分布式电源并网逆变系统的控制功能。

b. 研究分布式能源调度运行控制机制。随着青岛分布式发电技术应用的逐步深入，需研究分布式电源/储能/微电网接入、运行、退出等互动管理功能，以及深入研究故障情况下的分布式电源解列运行和故障恢复过程控制。

② 配电网自愈化控制

智能化电网的显著特点是改变传统电网事故后的被动控制为主动预防控制，这是控制技术的一次飞跃性进展。自愈控制技术是智能化电网新技术的一个发展方向，是一项综合电力系统控制、保护与在线监测等技术的集成创新技术。

配电网自愈化控制以数据采集为基础，自动诊断配电网当前所处的运行状态，运用智能方法进行控制策略决策，实现对继电保护、开关、安全自动装置和自动调节装置的自动控制，在期望时间内促使配电网转向更好的运行状态，赋予城市电网自愈能力，使配电网能够顺利渡过紧急情况，及时恢复供电，运行时满足安全约束，具有较高的经济性，对于负荷变化等扰动具有很强的适应能力。

为了提高配电网的可靠性，自愈控制的研究对象不仅仅是10kV配电线路，配电网的定义要扩展到110kV、35kV系统和变电站10kV母线，以及直接接入以上电压等级的分布式电源，配电网与分布电源一体化所组成的城市高压配电网协同控制才可能在电网紧急情况下或自然灾害发生情况下，保证重要用户的连续供电。

配电网自愈控制主要包括正常情况下的配电网风险评估及校正控制，以及故障情况下的故障定位、隔离和恢复重构。配电网自愈主要包括以下几个方面的功能：

a. 研究配电网快速仿真及安全风险评估机理。研究配电网快速仿真建模技术，建立配电网风险评估及安全性评价模型，研究配电网紧急状态、恢复状态、异常状态、警戒状态和安全状态等状态划分及分析评价机制，为实现配电网自愈控制提供理论基础和分析模型依据。

b. 校正控制措施。配电网自愈控制措施包括预防控制、校正控制、城网恢复控制和城网紧急控制。控制目标是保证在发生故障时继电保护能正确动作，保持一定的安全裕度，满足 N-1 准则。提供紧急状态报警及辅助决策功能，给出多种重构方案及相应的安全、经济指标，辅助用户进行科学决策。

c. 研究大面积停电时的配电网紧急控制。研究故障相关信息的融合方法；研究故障信息漏报、误报和错报条件下配电网容错故障定位方法；研究非确定性故障定位和开关拒动条件下的自适应故障恢复方法；研究紧急情况下配电网大面积断电；研究多级电压协调的配电网快速恢复策略；研究大批量负荷转移的安全操作步骤和应急措施。

③ 智能监视预警

智能监视预警包括单个设备预警、系统预警等功能。

a. 单个设备预警。实现配电线路运行电流、电压等数据监测及预警；实现对小电流接地的监视报警，并提出选线控制方案；包括重载配变运行电流、电压、无功、三相不平衡等信息的监测预警，并设定临界值，当监测数值超过临界值时，系统发出报警信息。

b. 系统预警。以稳定可靠的配电自动化系统和完备信息为基础，根据采集到的实时、准实时数据源，采用综合数据分析技术，主动分析配电端的运行状态，评估配电网安全运行水平，快速发现配电网运行的动态薄弱环节，准确捕捉监控要点。

c. 故障信息整合与过滤。配电网发生故障时，大量的事件信息直接涌入调控中心，这些信息若不经处理直接显示，调度人员势必被海量信息淹没，因此很难做出正确的判断。故障信息整合与过滤功能可以对故障信息进行关联度分析、有效的信息筛选、智能化的信息分析处理，最后采用简洁有效的展示手段呈现给调度员监控要点。

（9）综合可视化展现

综合可视化将配电网涉及的设备资源信息、空间地理信息，以及在此基础上开展的实时调度信息、运行维护信息、用电客户需求、应用分析结果等数字资源进行一体化的统筹整合、分析、优化，通过先进的图形技术，进行基于地理背景图的可视化展现，能够更加满足运行人员监视、控制的需要，支撑调控一体化建设。综合可视化实现的内容包括配电网运行监视预警可视化、故障处理/自愈可视化、停电信息可视化、通信网络及终端状态可视化。

① 配电网运行监视预警可视化

配电网运行监视预警可视化仅显示调度员最为关心的多侧面电网薄弱信息，是对电网薄弱信息的整合展示，展示手段需要直观、明了。正常的电网可视化信息不需要展示，薄弱环节的可视化信息可以叠加，调度员通过该模式能够全面掌握电网的薄弱环节。

配电网运行监视预警可视化的内容包括：

a. 线路及变配电站数据可视化。潮流断面的显示：可视化潮流的大小和方向，以及沿地理接线图标注出潮流，使调度员清楚地看到各个地区的负荷分配状态。线路负载率的显示：线路传输容量，线路功率分布因子等，无功流向，变配电站母线的电压、功角等数值以文本信息的方法显示节点数据，反映出系统的整体情况和电压越限情况。

b. 负荷数据可视化。区域负荷密度、用电特性等。

c. 电能质量可视化。电网频率趋势、电压偏差趋势等。

② 故障处理/自愈可视化

当配电网出现事故时，在智能可视化模式中，可以基于地理接线图通过醒目的图标对事故进行可视化展示。具体包括：

a. 故障可视化定位。对具体的故障地点进行可视化定位，可以使调度员非常直观迅速地捕捉到当前的电网事故信息，更加有针对性地进行事故的恢复处理。可视化故障定位的故障点信息来源于故障定位功能的分析结果。

b. 故障恢复方案可视化。事故后的可视化故障恢复方案可以基于地理接线图进行展示，可视化过程中的恢复路径信息、恢复步骤、隔离步骤由馈线自动化软件功能提供，直观展示恢复方案中的恢复步骤、原供负载、转供负载、负载率及隔离步骤。

③ 停电信息可视化

综合显示各类停电信息，实现基于地理图的停电信息可视化发布，实现故障停电和计划停电的影响范围在地理图上可视化展现，为抢修指挥和恢复供电的辅助决策提供可视化展示手段。

④ 通信网络及终端状态可视化

配电自动化应具备通信网络各节点状态的可视化、配电采集终端状态的可视化。

按照"做精一区，做强三区"的总体原则，面向应用场景设计三区功能，支撑调度、运检全业务；分区采集，分区计算，减少前置、SCADA压力，提升系统整体数据处理效率；强化安全防护，针对配电自动化系统的实际情况，加强对其网络安全、数据安全等防护要求。主站软件架构如图4-53所示。

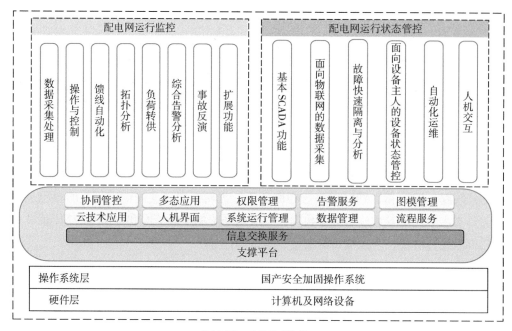

图4-53　主站软件架构

3）顶层设计思路

配电自动化系统主站主要由计算机硬件、操作系统、支撑平台软件和配电网应用软件组成。其中，支撑平台软件包括基础服务和信息交换服务，配电网应用软件包括配电网运行监控与配电网运行状态管控两大类应用，为配电网智能化感知、精益化管理提供技术支撑。

新一代配电主站根据地区配电网规模和应用需求，主要分为三种建设模式，如图4-54所示。

N+1模式：一区地市公司独立部署，四区在省公司统一部署。

N+*N*模式：一、四区均在地市公司独立部署。

1+1模式：一、四区均在省公司统一部署。

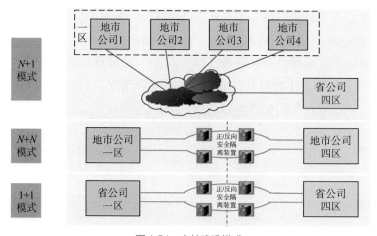

图4-54　主站建设模式

传统配电自动化侧重生产控制大区相关功能实现，实时性要求高，信息安全要求等级也高。随着信息化的发展及用户对供电可靠性要求的提高，供电企业采取传统模式管控配电网，其信息来源的多样性及同类信息的重复和不确定性等应用中的新问题开始显现：一方面，有用信息提取操作的筛查环节多、不同用户之间信息相互干扰、运维和用户人机交互习惯和风格难协调等，起因源于对配电网设备变更频度、数据采集时间尺度、信息更新周期的理解和需求不同等，这些问题涉及技术、管理诸多因素，需要化解。另一方面，社会经济发展必然对供电企业在检修、抢修、运行管控上提出更高的要求，配电自动化需要与时俱进，向前发展，除扩大现场设备监控的覆盖范围之外，还要解决上述若干问题并拓展和兼顾应用层不同需求，特别要解决的应用是兼顾传统生产控制大区，拓展管理信息大区配电网相关业务新需求。因此，在传统配电自动化系统基础架构下衍生、细分出信息安全隔离更可靠、应用与维护更方便、运行效率更高的设计新思想，"做强一区、拓展一区、安全隔离、分区一体、统一管控"。其理念催生新一代配电自动化设计思想，让配电自动化设计和运行趋于信息分类、分流、分区存储和应用。

主要设计思想包括以下4个方面：

（1）具备横跨生产控制大区与管理信息大区一体化支撑能力，满足配电网的运行监控与运行状态管控需求，支持地县一体化架构。

（2）基于信息交换总线，实现与多系统数据共享，具备对外交互图模数据、实时数据和历史数据的功能。

（3）支撑各层级数据纵向、横向贯通，以及分层应用。

（4）系统信息安全防护符合国家发展改革委2014年发布的《电力监控系统安全防护规定》，遵循合规性、体系化和风险管理原则，符合安全分区、横向隔离、纵向认证的安全策略。

新一代配电自动化框架主要涉及以下3个方面：

（1）信息安全分区及其边界管控划分。

（2）配电主站。

（3）配电终端。

其中，信息安全应嵌入主站和终端，终端与主站配对管控，主站分区隔离与协同管控一体化运行。新一代配电自动化系统及相关管控边界如图4-55所示。

4）应用进展

（1）设备异动管理

配电主站的基础图模数中主网部分来自调度自动化系统，中低压图模数来自PMS，两部分信息经交换总线在生产控制大区通过图模导入工具进行处理。图模校验通过后，先导入调试模型库，当调度员进行图模确认操作后，图模数信息经调试模型库同步到运行库服务器中，再由运行库向管理信息大区数据库服务器同步。图模校验不合格的数据将反馈给对应的外部系统，经修正后重新导入。模型数据整合如图4-56所示。

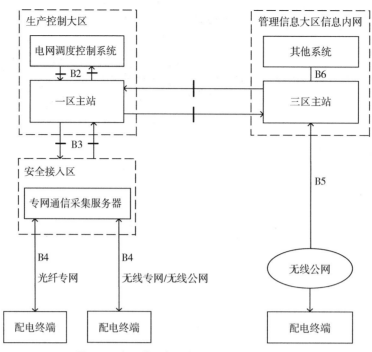

图4-55 新一代配电自动化系统及相关管控边界

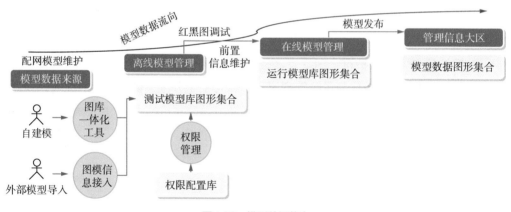

图4-56 模型数据整合

（2）馈线自动化

随着国民经济的发展，电力系统不断扩大，电网规模不断增强，电力系统因故障而停止供电不仅影响生产，也危及电力系统的安全、稳定运行。快速定位出故障点，及时恢复供电等需求亟待解决。

馈线自动化是利用自动化装置或系统监视配电网的运行状况，当电网发生故障时迅速获取故障记录，在尽可能短的时间内自动判断并切除故障所在区段，恢复对非故障区段的供电，从而大幅度缩减故障影响的停电范围和停电时间，能够提高供电可靠性、改善电能质量、节能降损、优化运行，从而提高系统的经济运行水平。馈线自动化种类如

图 4-57 所示。

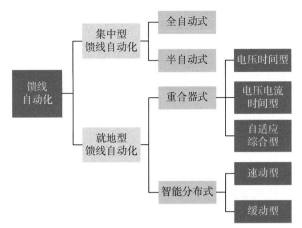

图 4-57 馈线自动化种类

（3）事故反演

事故反演可以自动记录事故时刻前、后一段时间的所有实时稳态信息，以便调度员在一个特定的事件（扰动）发生后，可以重新展现扰动前、扰动后系统的运行情况和状态，以进行必要的分析。

馈线自动化在故障发生后，触发生成事故追忆，存储事故发生前的图形、模型、稳态数据，以及故障操作过程。

事故反演在反演态恢复故障发生时的图形、模型、实时库数据断面，全方位反演事故发生过程，展示故障处理过程和对应录波文件。事故反演流程如图 4-58 所示。

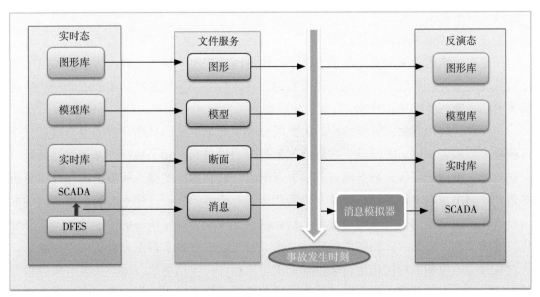

图 4-58 事故反演流程

4.5 智能运维

1. 概述

目前，我国能源资源约束日益加剧，而全球正经历着一场以多元化、清洁化为方向的能源变革，能源发展呈现开发规模化、结构多元化、消费电气化、技术智能化的重要特征，因此对运检专业发展提出了新的要求。随着分布式电源、电动汽车与储能等多元化负荷不断涌现和大量接入，电网的功能和形态正发生显著变化，逐步由单向潮流向双向潮流发展，呈现出愈加复杂的"多源性"特征，给电网的安全运行和供电质量带来严峻挑战，迫切需要提前研判并掌握新技术发展趋势，对多元化负荷进行主动监测和优化调控，确保电网有效承载和适应智能电网的发展要求。

近几年来，电力系统主网架建设日趋完善，电网智能化、数字化、信息化成为共识，配电系统得到长足的发展及重视。用户停电事件中，约80%是由配电系统引起的，在运维检修方面，配电网设备的检修模式经历了故障检修、周期检修，最终发展到状态检修。随着设备全寿命周期状态检测与故障诊断技术的发展，实施设备状态检修已经成为设备检修的最高策略。状态检测是状态检修的基础与支撑，而对检测结果的有效科学应用是状态检修得以实现的保证。基于边缘计算、云计算技术的设备状态参数与配电系统运行参数融合，构建了智能运维体系，给设备状态检修应用推广带来了广阔的未来。在配电系统中推行状态检修是电力设备检修制度发展的必然选择。其直接效益为节省大量维修费用、延长设备使用寿命、提高供电可靠性、降低检修风险和提高设备利用率。

2. 研究及应用进展

1）研究进展

（1）技术路线

① 电网智能运检关键支撑技术

在电网智能运检关键支撑技术方面，加快电网的智能化转型。现代信息技术与电网运检管理的结合已然成为一种发展的必然趋势，所有在现代信息技术发展过程中产生的新技术都将进一步提升电网运检的智能化程度。

在大数据应用方面，智能运检的大数据分析主要是指利用日渐完善的电力信息化平台获取大量设备状态、电网运行和环境气象等电力设备状态相关数据，基于统计分析、关联分析、机器学习等大数据挖掘方法进行融合分析和深度挖掘，从数据内在规律分析的角度发掘出对电力设备状态评估、诊断和预测有价值的知识，建立多源数据驱动的电力设备状态评估模型，实现电力设备个性化的状态评价、异常状态的快速检测、状态变化的准确预测，以及故障的智能诊断，全面、及时、准确地掌握电力设备的健康状态，为设备智能运检和电网优化运行提供辅助决策依据。在应用场景方面，主要有面向设备状态评估的历史知识库，建立设备状态异常的快速检测手段，进行设备状态的多维度和差异化评价，进行设备状态变化和故障预测。

在云计算应用方面，设备状态检测所涉及的设备越来越多、检测项目越来越广、检测数据越来越多样化，产生了大量的多源异构设备状态检测数据，如红外图像、视频监控、超声（特高频）指纹、分解物组分等。另外，经过多年运行积累，电网公司拥有海量设备、电网、环境等历史数据，涵盖了设备从出厂、采购、投运、运行、试验、检修到报废整个生命周期中留下的不同信息，这些庞大的数据已逐渐形成输变电设备状态大数据，这些大数据的复杂需求对技术实现和底层计算资源提出高要求，因此，如何对设备状态大数据进行有效管理、分析，使之服务于电网公司，提高电网的供电可靠性，是电网运检业务发展的新方向。在应用场景方面，主要有海量电网数据的可靠存储、各类电网数据的高效管理等。

在物联网技术方面，通过引入先进的感知与识别技术、通信技术、智能信息处理技术和其他信息技术，可以将低压配电网、用户等传统电网中层级清晰的个体，无缝地整合在一起，使用户之间、用户与电网公司之间实时地交换数据，这将大大提高电网运行的可靠性与综合效率。物联网作为通信、信息、传感、自动化等技术的融合，具有全面感知、可靠传递和智能处理的特征。全面感知就是让物品会说话，将物品信息进行识别，利用RFID、传感器、二维码等能够随时随地采集物体的动态信息，并通过网络传输到后台，进行信息共享和管理；可靠传递指信息通过现有的通信网络资源进行实时可靠传输；智能处理就是通过后台的庞大系统进行智能分析和管理，真正达到人与物的沟通、物与物的沟通。物联网技术在智能运检中的应用方向可概括为以下三点：

a. 状态感知。通过射频识别（RFID）、二维码、传感器等感知、捕获、测量技术对物体进行实时信息收集和获取。

b. 信息互联。先将物体接入信息网络，再借助各种通信网络（如因特网等），可靠地进行信息实时通信和共享。

c. 智能融合。通过各种智能计算技术，对获取到的海量数据信息进行分析和处理，从而实现智能化决策和控制。

在移动互联技术方面，通过移动终端技术可以提高内部沟通效率，减少重复的管理成本，提高电网和设备的可靠性。利用移动作业终端可以加强对作业结果的分析，大幅度提高管理决策水平，同时也通过现场移动作业平台来保证电网的安全稳定运行，提高供电和生产可靠性，建立集中的现场作业数据平台。标准化移动作业是企业从传统的设备检修方法向设备状态检修发展的不可或缺的支撑系统，也是保证企业设备评级和状态检修制度切实可行和有效实施的管理平台，主要应用方向体现在以下方面：

a. 智能化。智能移动终端能提供标准化的作业流程和规范，为操作人员提供智能指导、智能判断、智能统计、智能分析等辅助作用。

b. 互联网化。随着电力专用网络的推广和普及，移动智能运检作业一定是基于互联网的，"互联网化"的移动作业终端能进一步加快精益化管理目标的实现。

c. 平台化。移动智能运检方式一定以智能装备为基础，形成一套由移动作业终端、站内机器人和设备传感器多种方式相结合的平台化体系，多种运检方式将长期并存和互补。

在人工智能方面，基于数据驱动的电力人工智能技术将发挥越来越重要的作用，并将成为电网发展的重要战略方向和电网智能化发展的必然解决方案。人工智能技术是助力新一代电力系统建设的重要支撑，是推动电网管理方式创新的重要引擎。人工智能技术在电网建设、经营、决策、管理等领域中具有广阔的应用前景，将对提高大电网驾驭能力、保障能源安全，更好地服务经济社会发展发挥积极作用。人工智能的典型应用场景有配用电设备健康状态智能监管、基于视频识别的现场高效作业及安全风险智能预警等。

② 电网状态感知技术

a. 配电设备温度监测技术

系统中挂网运行的配电设备种类多、数量大，其能否可靠运行关系整个电力系统的稳定性。对系统中运行的配电设备进行在线监测十分重要，在线监测涉及的电气量、非电气量繁多，其中，温度是反映配电设备电气性能、负荷状况，甚至异常或故障的一个重要特征量之一。因此对电力设备的温度监测是电力设备安全监控最有效、最经济的方式，对电力设备的安全运行具有重大意义。当前根据测温原理不同，主要有红外测温、光纤测温、无线测温等方法，具体对比如表4-7所示。

表4-7　配电网测温技术对比

比较项目	红外测温	光纤测温	有源无线测温（电池）	有源无线测温（感应取电）	无源无线测温（RFID）	无源无线测温（SAW）
技术原理	温度在绝对零度以上的物体，都会因自身的分子运动而辐射出红外线。通过红外探测器将物体辐射的功率信号转换成电信号获取温度信息	利用部分物质吸收的光谱随温度变化而变化的原理，分析光纤传输的光谱，了解实时温度	测温和无线通信模块采用常规电子电路实现，采用高能量电池为测温和无线通信模块提供电能，传感器定时主动发送温度信息到后台	测温和无线通信模块采用常规电子电路实现，采用CT感应取能模式为测温和无线通信模块提供电能，传感器定时主动发送温度信息到后台	由射频天线发射射频信号，与通信范围内的所有传感器进行通信，根据传感器ID进行识别及数据交换，采用数字测量、数字传输模式	传感器由石英压电基片和金属叉指换能器及反射栅组成，无须其他电路。传感器接收并反射采集器的探询信号，利用其谐振频率与温度的关系实现温度测量。传感器被动工作，不需要电源
安全性及可靠性	非接触式测温，安全性较高	光纤绝缘性能好，安全性高	1. 电池不适用于在高温、强电磁环境下工作，存在爆炸或损毁隐患。 2. 测温和无线通信的元器件及电路本身对温度的耐受能力，使得传感器整体可靠性降低	母线电流的实时变化造成供电系统出现冲击而损坏，同时开关柜内复杂的电磁干扰也会直接导致电路工作异常，装置工作稳定性及可靠性较低	1. 无外接电源、采用无线传输模式，安全稳定。 2. 数字传输，传感器拥有独立ID，避免干扰误读现象。 3. 数字通信+校验码机制，避免跳变	1. 不需要电池，安全性极高。 2. 传感器采用简单的石英晶体及金属电极构成，不需要电子元器件及电路，可靠性极高，与被监测设备同寿命

比较项目	红外测温	光纤测温	有源无线测温（电池）	有源无线测温（感应取电）	无源无线测温（RFID）	无源无线测温（SAW）
安装	1. 探头必须与被测物体保持一定距离，并正对被测物体的表面，要求被测量点在视野内无遮掩。因此在设备有限的空间内很难找到合适的安装位置； 2. 通常需要在设备上打孔及加装其他部件以进行红外探头的安装，会破坏设备本身结构	属于有线测温方式，受设备结构影响，布线难度较大	无线数据传输方式，安装相对方便、灵活	用 CT 取电装置体积较大，在狭小的空间内安装困难。 现场安装时CT需要根据铜排或触臂的尺寸现场绕制，过程烦琐，时间长	无源无线传感器可直接接触导体，并可设计成与各类零部件一体化，在不改变原有结构、不增加设备的情况下进行测温	无源无线温度传感器体积小，与采集器之间无线传输数据，安装方便灵活，不受设备结构和空间影响
维护	红外探头、被测物体表面的灰尘堆积易对测温效果造成影响，需定期维护	光纤易折、易断、不耐高温，维护工作量较大	需要定期更换电池，维护工作量巨大	测温装置工作稳定性及可靠性低，维护工作量大。根据某些应用区域反馈的结果，CT取电测温系统现场安装应用两年左右损坏率为30%左右	安装调试完成后免维护； 使用寿命大于10	无须使用电池及取电装置，安装成功后基本无须维护
实用性	1. 只能测量可视范围内的被测物，无法穿越障碍物测量温度（如断路器动、静触头处）； 2. 受被测对象的发射率影响，几乎不可能测到被测对象的真实温度，测量的是表面温度； 3. 光亮或者抛光的金属表面的测温误差较大	属于有线测量方式，存在障碍物时无法进行光纤的连接，因此无法测温（如断路器动、静触头处）	在有限的电池电量供应前提下，通常以降低采样频率来保证系统工作时间，数据实时性较差	受CT取能装置的稳定性影响，数据实时性、稳定性较差	直触式测温，测温准确度高，适用于各类电力密闭型柜体的接点温度测量	无源的工作方式不受能量限制，可以较高的频率进行温度信息的采集，数据实时性高

b.配电设备局部放电监测技术

局部放电是电气设备绝缘结构中局部区域内的放电现象，这种放电只是在绝缘局部范围内被击穿，而导体间绝缘并未发生贯穿性击穿，但如果局部放电长期存在，则在一定条件下将会造成设备电气绝缘强度的破坏。

如果电气绝缘结构中存在局部电场集中，或因制造工艺不完善、绝缘材料老化、机械破坏等原因在绝缘中形成缺陷，则在电气设备运行时绝缘中的这些部位就容易发生局部放电。局部放电虽然只是绝缘局部发生击穿，但每次放电对绝缘都会造成一定程度的损伤，造成损伤的原因包括：放电导致介质局部温度上升，加速材料的氧化过程；放电产生的带电粒子撞击介质，使分子结构断裂；放电产生的腐蚀性产物与介质发生化学反应，使介质的电气性能、机械性能下降。为了保证电气设备在运行中的可靠性，通常需要尽量避免绝缘介质中局部放电的发生，或只允许有轻微的局部放电。

局部放电会产生下述效应：

- 在提供电压的电回路中产生电脉冲信号；
- 在介质中产生功率损耗；
- 在紫外可见光波段直至无线电频率范围内有电磁辐射；
- 声辐射；
- 材料受放电作用后的化学变化。

针对不同的放电效应有不同的试验方法，均能从不同侧面反映局部放电的状况和程度。在配电网中，比较常用的试验方法是对超声波（AE）、暂态地电压（TEV）、耦合电容（EMC）、高频电流（HFCT）和特高频（UHF）电磁辐射信号进行检测。

③设备智能巡检技术

随着智能运检技术的全面推广和应用，传统的PC端＋服务器模式已经不能满足日益增长的电网运检业务需求。更加小型化、硬件条件更加全面的移动终端，以及智能可穿戴设备被越来越多地应用在巡检、抢修及日常办公业务当中。移动端及相关设备与移动应用作为电力企业内部作业与外部服务的延伸，极大地拓展了各级管理人员的工作范围，也为基层班组开展现场作业提供极强的辅助支撑作用。可穿戴技术是新型的人机交互形式，是一种可以穿在身上的微型计算机系统，具有简单易用、解放双手、随身佩戴、长时间连续作业和无线数据传输等特点。可穿戴技术可以延伸人体的肢体和记忆功能，它的智能化在物理空间上表现为以用户访问为中心。可穿戴设备可以提供大量现场数据，为电网的管理、分析和决策提供实时、准确的海量数据支撑。

电力手持式移动终端作为移动互联网在电网企业和电力工程中的具体应用，极大地促进了电网企业的发展与技术革新。在实际应用中，移动终端作为办公室工作的延伸，极大拓展了一线工作人员的工作范围，并利用手持式终端的摄像头、4G通信、GPS等模块，进一步提升业务开展质效。运维检修人员可以利用移动终端，从主站业务系统下载离线巡视、检修作业内容，便捷且准确地开展巡视和检修工作。在作业过程中，记录作业相关信息，如作业地点、作业时间、操作设备信息等，同时对操作的具体步骤和巡检发现的异常情况及潜在隐患进行记录。巡检、检修操作结束后，将现场操作人员记录的信息回传到主站业务系统，同时闭环整个巡检流程，从而对巡检作业实现全过程管控。在电力营销方面，传统的电力营销以纸质材料为媒介，需要客户经理和电力用户携带相应材料进行接洽，有烦琐、材料容易丢失等缺点。移动电力营销终端可实现业扩增容、抄表缴费、用电检查、移动售电、客户服务等功能，同时对关键指标和主要业务进程进行管控，具有可视化、信息化、直观化等优点。在电力抢修服务方面，居民用户和一般工商业用户在出现停电等故障时，可通过智能手机端的抢修软件与电力公司取得联系，填写具体的故障类型、位置住址、联系方式等信息，生成抢修工单；电力公司抢修人员可以根据手持终端接到的工单，初步判断故障原因，并根据用户位置信息调配抢修车辆，从而缩短抢修服务时间，简化抢修服务流程。此外，在物资管理、设备运维管理等方面也表现出极大的便利性。

在移动监拍设备方面，通过应用移动作业云台、布控球等设备，实现指挥中心对作业现场的远程管控。通过PC端操作现场的摄像头，全方位观察作业现场可能存在的危险点和风险因素，同时也可以监控现场作业过程中是否有违章现象，如果有，通过远程呼叫及时提醒。

④ 电网故障诊断和风险预警技术

故障定位技术根据其采用的定位信号分为稳态量定位法和暂态量定位法。稳态量定位法以测量到的线路故障电流及电压信号为基础，根据线路及系统负荷等参数，利用长线传输方程、欧姆定律、基尔霍夫定律列出电压及电流方程，求解故障位置。该方法受过渡电阻、参数选取及测量精度的影响，可靠性不高，适用范围有限。暂态量定位法以暂态故障行波分量为基础，当系统内某条线路出现故障时，故障点产生的电压或电流行波以接近光速在整个输电网传输，在传输过程中，经过阻抗不连续的位置，如变压器、母线和其他使线路阻抗发生变化的节点时发生反射和折射。安装在线路或变电站内的暂态信号检测装置检测到行波信号后，根据电压或电流行波传输时间和线路拓扑等数据进行计算，确定故障发生的位置。由于过渡电阻对行波故障定位的影响较小，因此可以提高定位的准确性。根据不同的场合使用不同的故障行波定位方法，其定位原理的特点各异，可针对各种不同情况选择不同方法。

在电力故障诊断方面，目前常用的电网设备故障诊断方法是通过例行试验、在线监测、带电检测、诊断性试验进行综合分析判断，主要思路是融合设备的电化学试验、电气试验、巡检、运行工况、台账等各种数据信息，建立故障原因和征兆间的数学关系，从而通过计算推导主要设备的潜伏性故障。

故障树是故障诊断中最普通、最常用的方法。故障树分析法（Fault Tree Analysis，FTA）是一种自上而下逐层展开的图形演绎方法，通过对可能造成系统故障的各种因素（包括硬件、软件、环境、人为因素等）进行分析，画出逻辑框图（故障树）。它把所研究系统最不希望发生的故障状态作为故障分析的目标，然后寻找导致这一故障发生的全部因素，再找出造成这些因素发生的下一级全部直接因素。一直追查到那些原始的、无须再深究的因素为止。其目的是判明基本故障，确定故障原因、故障影响和发生概率等。利用故障树逻辑图形作为模型，可以分析系统发生故障的各种途径。计算或估计顶事件发生概率及系统的一些可靠性指标，从而对系统的可靠性及其故障进行定量分析。应用故障树分析法可以对电网故障的诊断、预防和控制起到很好的效果。

（2）功能要求

随着国内智能电网建设的加快，区域电网互联及配电网自动化加速推进，为了提高电网设备的运行能效，提升电网供电可靠性和智能化水平，从研发推广运维检修新技术、新装备等方面着手，进一步强化设备状态管理，扎实提升设备管控能力和电网风险管控能力。丰富拓展运维检修手段，稳步强化信息系统建设，提升公司运检业务智能化和运检管理精益化水平。依托大数据、云计算、物联网、无人机等先进技术和智能运检装备，加快提高运检专业智能化水平。

在电网设备智能化方面，通过设备状态感知装置、控制装置与设备本体一体化装备，推行功能模块化、接口标准化，采用互联网、物联网等技术提高设备的信息化、自动化和互动化水平。通过智能设备技术标准，逐步引导设备制造厂家进一步提升设备与传感器一体化水平，一、二次融合水平，实现一次设备和智能元件在物理结构、机械性能、电气性能方面相互匹配，实现一次设备与智能元件的一体化设计、一体化试验及一体化交付。积极开展基于碳化硅、大功率电子元器件、系统级芯片等新材料、新原理、新工艺的变压器、断路器和保护测控设备的研制；加大新技术、新材料的应用力度，提高设备本体智能化水平。

推进配电网智能化，进一步实现配电自动化技术升级，重点研究就地型馈线自动化、远传型故障指示器、单相接地故障判断定位等关键技术，形成面向不同类型供电区域、不同可靠性需求用户，满足不同接地方式、不同类型配电线路的差异化、经济实用的建设模式。完善CT取电、超级电容在配电终端应用技术的研究，完善配电网信息交互总线应用技术，完善配电网快速仿真分析控制技术。提高配电设备自主可控水平，推进关键组部件国产化，完善通信规约，提高设备的信息化和智能化水平，提高设备的可靠性。

加快运维智能化水平建设，通过带电检测、在线监测、智能巡检、穿戴式装备、移动终端等新技术的推广应用，依托大数据、云计算、物联网技术手段，实现设备状态自动采集、实时诊断、可视化和远程感知。进一步推广智能机器人巡检应用，提升配电智能巡检机器人的实用化水平。通过完善机器人软、硬件技术，提升巡检覆盖率和表计识别率。采用红外测温、紫外成像、局放检测、图像识别等手段实现缺陷智能诊断。开发巡检机器人高级应用功能，实现与生产管理系统、辅助监控系统的信息交互，提高运维工作效率。

进一步推广移动作业平台应用。通过标准化的智能终端，利用可信计算安全接入和语音交互技术，采用智能手机、笔记本电脑等智能终端作为移动巡检设备，建立统一的移动作业平台，实现现场工作任务自动下载、巡检数据自动采集、前端与后台数据实时录入的目的。降低人员劳动强度，促进管理工作提升。进一步推广可穿戴智能装备应用。开发头戴式、腕式、手持式巡检装备，具备红外检测、紫外检测、局部放电特高频、超声波检测等多种检测手段。研究开发便携一体化装置软硬件，实现3G/4G专网通信、WiFi热点、蓝牙对接、GPS/北斗双模定位、智能分析、数据自动关联、数据存储等功能，实现基于关键设备智能化巡检的大数据App应用和云计算服务，为巡检人员提供实时的后台数据自动关联显示、查询及大数据服务功能。

在设备标准化、智能化基础上，通过使用智能检修装备、物联网、移动作业终端等技术，开展检修工作，实现检修工作智能化。提高检修装备智能化水平，提高检修现场可视化、智能化水平，提高运检劳动效率，逐步实现现代化检修。整合作业现场远程视频监控设备、作业人员移动终端等资源，实现专家人员对作业现场突发事件、重大问题等的远程会商、决策指挥，参会专家可以在远端协同集中管控多个现场，大幅度提升检修作业现场管控效率。

2）应用进展

国家电网有限公司提出以智能运检技术发展规划为指导，以物联网、移动互联、云计算、大数据等现代信息网络技术为依托，实现PMS、OMS及其他专业系统数据的融合，有力支撑设备管控、通道管控、运维管控和检修管控的落实，实现数据驱动运检业务创新发展和效率提升，全面推动运检工作方式和生产管理模式的革新。通过智能运检装备及技术的应用，完成电网设备的智能化改造，实现电网设备的全寿命管理。

提高新投运设备的智能化覆盖率，加强现有设备智能化改造，实现设备智能化，建立高效运转的运检信息化管理体系，满足电网快速发展对设备运检质量和效率的要求。通过信息化手段，实现资产规模、年龄分布、利用效率、运行健康水平等基本信息的自动统计分析，有效提高资源的利用效率。

3. 发展展望

配电系统智能运维是当前智能配电网重点发展的技术之一。未来几年，配电系统智能运维将呈现以下几个方面的发展趋势：

（1）人工智能与大数据的深度融合。随着人工智能和大数据技术的不断发展，配电系统智能运维将能够更加精准地诊断故障，提高故障处理能力，实现系统无人值守运行。

（2）物联网技术将广泛应用。配电系统智能运维将通过物联网技术进行设备监控和数据采集，实时掌握系统运行状态和预测故障发生时间，得到更加精准的维护方案。

（3）配电系统智能化水平将不断提高。配电系统智能化将实现从设备监测到设备管理的全面升级，实现更加智能化的运行管理、维修策略和运营决策。

（4）安全防护将成为重要方向。随着配电系统规模不断扩大，安全防护成为关键问题。配电系统智能运维将在安全预警和防范等方面加强技术研究，提升系统的安全防护能力。

总体来说，配电系统智能运维将实现从过去的"被动修复"向"主动预测"转变，从而提高配电系统的稳定性、可靠性和安全性，为电力企业的可持续发展提供支持。

4.6 分布式电源与储能技术

随着国际社会对能源资源和环境保护等问题的日益重视，减少煤炭、石油等化石能源燃烧，加快开发和利用新型能源，已成为全球的普遍共识和战略行动。以微型燃气轮机、内燃机、光伏、风电、水电、海洋潮汐能、地热能及生物质能等利用清洁能源发电单元构成的分布式电源和其构成的微电网就近接入配电网，可有效减少环境污染，提高能源利用率。分布式电源接入配电网支线路末端可有效减少线路损耗，提升线路末端电压，减小电力系统供电压力，保障对重要用户的可靠供电。独立型的微电网还可以解决偏远地区、海岛地区用电困难问题，实现大地区联网，促进地区经济发展。随着新能源发电规模的快速增长，研究分布式电源的输出特性和并网对电力系统的电能质量、潮流分布、系统稳定可靠性和并网协同规划等方面带来的影响越来越重要，而电能的不可大量长久存储一直是一个难题，电储能和机械储能技术的应用，使得电能、热能、机械能存储成为可能。随着新能源领域的发展，分布式电源电能储存也相当关键。风电、光伏发电由于其输出随机性、波动性和无法大量储存，决定了弃风和弃光程度。储能系统中，电化学储能技术因其灵活性、稳定性，目前已在电力系统等多个领域得到大范围应用。

4.6.1 分布式电源并网的关键技术

1. 概述

1）分布式光伏装机情况

分布式光伏是指在用户场地附近建设，运行方式以用户侧自发自用、多余电量上网，且在配电系统平衡调节为特征的光伏发电设施。

欧洲的分布式光伏占比较为稳定，2020年约为59%，分布式装机容量约为9.7GW，未来，在光伏需求旺盛的背景下，欧洲分布式光伏将继续维持高速增长。2020年巴西新增分布式装机容量2.7GW，同比增长74.4%。

近年来，我国分布式光伏发展较快，2015年的分布式光伏装机容量仅606万千瓦，至2021年突破1亿千瓦，达到1.075亿千瓦。从结构来看，分布式光伏装机容量占总光伏装机容量的比例从2015年的14%提升至2021年的35.1%。预计未来我国分布式光伏占比有望加速提升。分布式光伏发电具有投资小、装配灵活、就近低压并网，且电量消纳快的优势。发展分布式光伏有利于解决我国发电与负荷不一致的问题，同时大幅度降低传输损失，减小对大电网的依赖，缓解电网的投资压力。

2）分布式光伏消纳情况

分布式光伏发电的电能消纳，是指分布式光伏电站发电后，电能不能大量存储，要将富余的电能供给需要的负荷点。其方式主要分为三种，分别是完全自发自用模式、自发自用余量上网模式，以及全额上网模式。

完全自发自用模式，是指光伏的发电量全部供给用户侧，一般适用于用电负荷较大且持续的用户，对用户的电能消耗能力有着较高要求。该模式也可接入配电网，当用户需求大于光伏电站的发电量时，也可由配电网向用户提供电能，但是该模式必须装设防逆流装置，防止电能反送，以保证潮流方向固定。

自发自用余量上网模式是目前最为合理的模式，既可以满足用户需要电能自发自用，又可以将多余用不掉的电量卖给电网，这部分电能可由电网自由处理，这种模式非常理想。但是因为涉及光伏系统和电网公司之间的协调合作，实际实施起来却不容易做到，需要进一步的政策来引导，才能更好地实现这一模式。

全额上网模式安全可靠，直接将所发电量卖给电网，再由电网将电能输送到用户侧，投资前景广阔、回报率高。这种模式的潮流流向均为单向，只需在并网点和用户侧分别装设电表计量即可。当前我国分布式光伏发电基本上为全额上网模式。

2. 研究及应用进展

1）分布式电源设备核心技术

（1）分布式并网保护技术

分布式发电并网后故障特点、电气量都会随之变化。分布式发电单元接入方式如图4-59所示，可分为两种，即线路中间接入和线路末端接入。分布式发电单元不同的接入方式对配电网继电保护的灵敏性、选择性都会产生严重影响。传统的三段式过流保护无法适应分布式电源，需升级现有的故障检测技术，使其具备双向过电流故障保护跳闸功能，具备孤岛检测和防孤岛保护、电压和频率越限保护、逆功率保护、源侧有压合闸闭锁等分布式电源并网保护功能等。

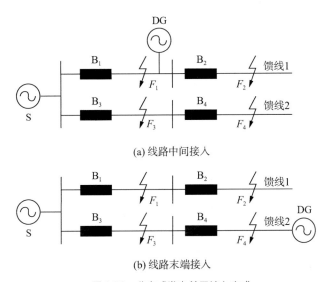

(a) 线路中间接入

(b) 线路末端接入

图4-59　分布式发电单元接入方式

（2）最大功率点跟踪技术

目前，较为成熟的光伏发电技术主要采用最大功率点跟踪（Maximum Power Point

Tracking，MPPT）控制技术，以实现太阳能最大化消纳利用。光伏发电单元在日照强度、环境温度等外界条件变化的情况下追踪最大功率点，使光伏发电单元始终保持在最大功率点输出，实现太阳能的高效利用。光伏输出 P-u 特性曲线如图4-60所示。其中，P_{pvmax}、u_{refpv} 分别为光伏单元输出最大功率点和光伏单元输出电压参考值。

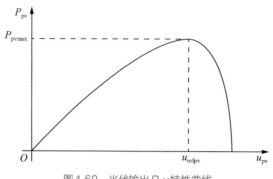

图4-60　光伏输出 P-u 特性曲线

（3）并网逆变器控制技术

光伏并网发电系统中的并网逆变器控制技术，采用的是PID控制器，通过控制输出的电流，确保光伏并网发电系统与电网保持同频的电流。PID在光伏并网发电系统中，采用直接+间接控制的方式，直接控制辅助于间接控制，弥补间接控制的缺陷。PID控制技术有利于提高光伏并网发电系统的动态性，其可按照并网电流的指令，控制运行电流的传输，同时保持光伏并网内的电压稳定，促使光伏并网发电系统迅速达到最佳功率的状态。并网逆变器控制技术在PID的作用下，分为电流内环和电压环设计，其目的是提升光伏并网发电系统的运行效率。

（4）电能质量检测技术

分布式电源发电的随机性和间歇性会造成电网功率波动，影响电能质量。为有效将分布式电源接入大电网，通常还须凭借并网逆变器实现电能转换，将分布式电源发出的直流电转换成交流电，此过程中由于并网逆变器高频电力电子器件的高速导通与关断，会产生大量谐波，造成谐波污染，使电压、电流三相不对称，产生畸变，影响用户侧电压、电流质量，因此需具备电能质量监测功能，包括电压偏差、电压波动和闪变、直流分量、频率偏差、电压电流三相不平衡度、电压电流畸变率、电压电流谐波（2～25次谐波分量），保障分布式电源并网发电的安全性和可靠性。

2）中低压分布式光伏系统控制技术

（1）中压配电网接入的分布式光伏系统控制技术

①有功功率控制

分布式光伏系统应具备就地和远程有功功率控制功能；有功功率控制偏差不大于 ±2% 额定有功功率；当电网异常时光伏系统能够根据电网自动化系统指令限制有功功率输出，在紧急情况下，收到指令后应能将分布式光伏系统从电网中切除。

分布式光伏系统应具备有功功率变化率设置功能，有功功率变化率应不大于10%/min额定有功功率；电网无特别要求时，应不大于30%/min额定有功功率。

分布式光伏系统有功功率限额百分比、启停、控制参数等遥控、遥调应接入电网自动化主站。

接入用户侧的分布式光伏系统，宜采用集中监控模式，分布式光伏监控系统应能够接收并执行电网相关管理部门的遥控和遥调指令。

② 无功功率控制

分布式光伏系统无功输出范围满足《光伏发电并网逆变器技术要求》（GB/T 37408）。接入公用电网的分布式光伏发电系统，其稳态无功输出范围应在图4-61所示的阴影区域内动态可调，不满足时应配置静止无功补偿装置。接入公用电网的分布式光伏系统的无功出力范围如图4-61所示。

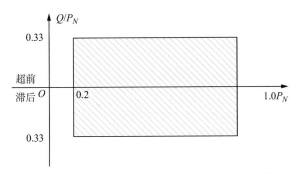

图4-61　接入公用电网的分布式光伏系统无功出力范围

接入用户侧的分布式光伏系统并网点功率因数应实现 0.95（超前）～0.95（滞后）范围内连续可调，调节范围如图4-62所示。

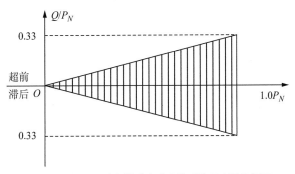

图4-62　接入用户侧的分布式光伏系统无功调节范围

分布式光伏系统应具备恒定功率因数、电压（无功）下垂控制和恒定无功功率控制模式，其无功电压控制方式、控制参数应能够由监控系统和电网自动化系统设定，并应符合下列要求：功率因数控制误差不应超过 ±0.01；无功功率控制误差不大于额定有功

功率的 ±5%;在电压(无功)控制模式下,电压(无功)控制函数及参数应能够接受电网自动化主站设置。

分布式光伏系统在电压(无功)控制模式下,能够根据并网点电压和参考电压差值,在其无功输出范围内自主调节无功输出。分布式光伏无功/电压控制要求如图4-63所示。

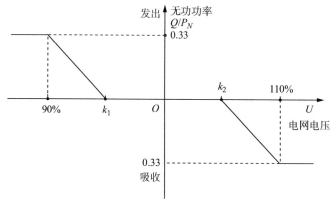

图4-63 分布式光伏无功/电压控制要求

接入用户侧的分布式光伏系统,应在其无功输出范围内参与用户公共连接点功率因数调节,应能够监测公共连接点的功率因数,在其无功输出范围内调节无功输出,使公共连接点功率因数至合格范围内。

(2)接入低压配电网的分布式光伏系统

① 有功功率控制

分布式光伏逆变器应具备有功功率限额百分比、有功功率变化率设置功能。

分布式光伏逆变器应具备根据并网点频率限制有功功率输出功能,有功功率限额百分比(频率)控制函数的参数可由台区智能融合终端设定,可根据并网点频率按照预设参数自动执行高频限额策略。

② 无功功率控制

光伏逆变器无功电压控制模式应满足一定要求,其无功电压控制模式切换和控制参数可由逆变器的功能菜单和台区智能融合终端设定。

光伏逆变器电压(无功)控制应能够自主调节电压。

(3)保护

分布式光伏系统应具备防孤岛保护功能,防孤岛保护动作时间不大于2s,且防孤岛保护还应同低电压穿越、配电网侧线路重合闸和安全自动装置动作时间相配合。

分布式光伏系统并网点电压、频率保护功能配置(包括并网点测控保护装置和故障解列装置)应与光伏逆变器电压适应性、频率适应性和故障穿越功能相协调,不应超范围使光伏脱网。

（4）电能质量

分布式光伏系统接入并网点电能质量应满足下列要求：

谐波电压和谐波电流应满足《电能质量　公用电网谐波》（GB/T 14549）的要求。

间谐波应满足《电能质量　公用电网间谐波》（GB/T 24337）的要求。

电压偏差应满足《电能质量　供电电压偏差》（GB/T 12325）的要求。

三相电压不平衡应满足《电能质量　三相电压不平衡》（GB/T 15543）的要求。

电压波动和闪变应满足《电能质量　电压波动和闪变》（GB/T 12326）的要求。

注入的直流电流分量不应超过其分布式光伏额定电流的0.5%。

光伏逆变器负序三相电流不平衡度不应大于2%，短时不应超过4%。

3）分布式光伏接入配电网设计技术

（1）专线接入公共电网变电站、开关站10kV母线方案

分布式光伏专线接入公共电网变电站、开关站10kV母线的典型设计方案示意图如图4-64所示。

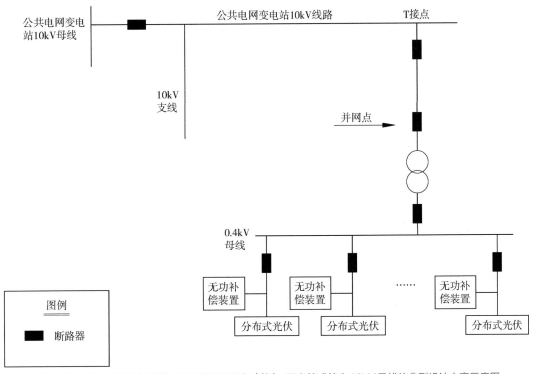

图4-64　分布式光伏专线接入公共电网环网室（箱）、配电箱或箱变10kV母线的典型设计方案示意图

（2）专线接入公共电网环网室（箱）、配电箱或箱变10kV母线方案

分布式光伏专线接入公共电网环网室（箱）、配电箱或箱变10kV母线的典型设计方案示意图如图4-65所示。

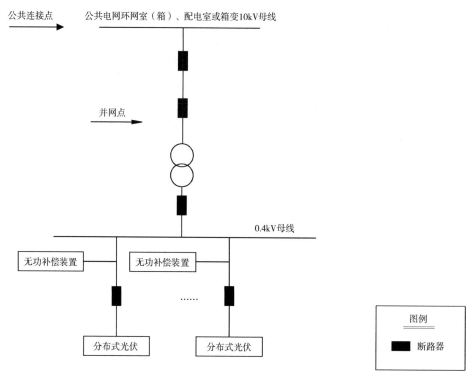

图4-65　分布式光伏专线接入公共电网变电站、开关站10kV母线的典型设计方案示意图

（3）T接入公共电网10kV线路接入方案

分布式光伏T接入公共电网10kV线路的典型设计方案示意图如图4-66所示。

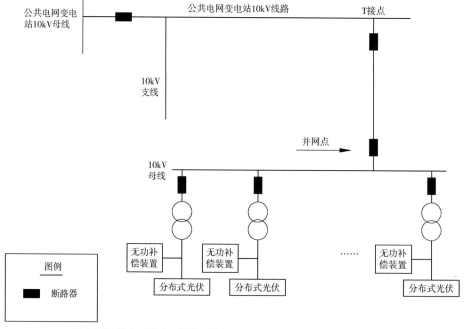

图4-66　分布式光伏T接入公共电网10kV线路的典型设计方案示意图

（4）接入用户10kV母线方案

分布式光伏接入用户10kV母线的典型设计方案示意图如图4-67和图4-68所示。

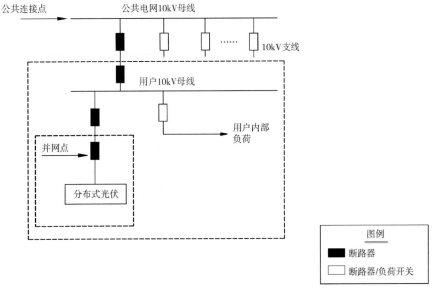

图4-67　分布式光伏接入用户10kV母线的典型设计方案示意图1

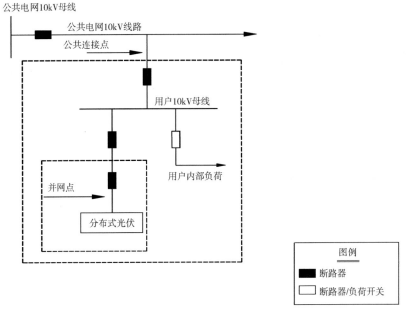

图4-68　分布式光伏接入用户10kV母线的典型设计方案示意图2

（5）220/380V接入公共电网配电箱/线路方案

分布式光伏通过220/380V接入公共电网配电箱/线路的典型设计方案示意图如图4-69所示。

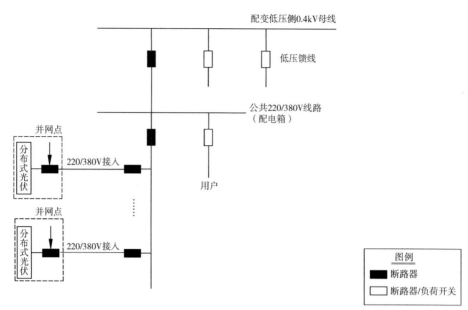

图4-69　分布式光伏通过220/380V接入公共电网配电箱/线路的典型设计方案示意图

（6）380V接入公共电网配电室、箱变或柱上变压器低压母线方案

分布式光伏通过220/380V接入公共电网配电室、箱变或柱上变压器低压母线典型设计方案示意图如图4-70所示。

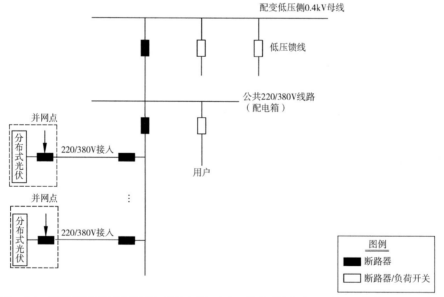

图4-70　分布式光伏通过220/380V接入公共电网配电室、箱变或柱上变压器低压母线典型设计方案示意图

（7）220/380V接入用户电网低压母线、线路方案

分布式光伏通过220/380V接入用户电网低压母线、线路的典型设计方案示意图如图4-71所示。

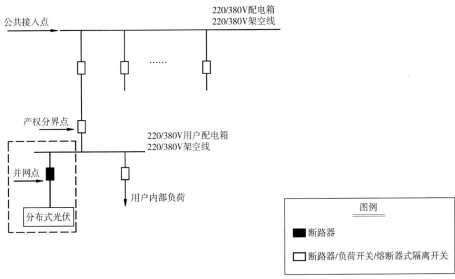

图4-71 分布式光伏通过220/380V接入用户电网低压母线、线路的典型设计方案

4）分布式光伏监控技术

10kV光伏电站可采用直采直控方式，也可采用群调群控方式。10kV及以下电压等级分布式光伏的群调群控方式可根据各地区现有主站系统、光伏开发模式，因地制宜选取。对于由同一业主开发的分布式光伏发电项目或分布式电源聚合商，应配置集中监控系统，具备统一接收调度控制指令的能力，有功功率控制应满足电力系统调度控制要求，同时应配置功率预测系统，功率预测系统应具有短期、超短期光伏发电功率预测功能。

（1）可观可测数据采集范围

分布式光伏可观可测的数据采集范围应包括遥测、遥信、电能量信息，可包括电能质量监测数据、环境监测仪数据（温度、湿度、光照直辐射、光照散辐射）等。

10kV电压等级并网的分布式光伏（含自发自用和直接接入公用电网）应至少具备遥测、遥信、电能量信息。380V分布式光伏应至少具备上传电流、电压、有功功率、无功功率和电能量信息，条件具备时应同时上传并网点开关位置信息。分布式光伏可观可测数据应满足实时性和精度要求。分布式光伏可观可测数据采集范围如表4-8所示。

表4-8 分布式光伏可观可测数据采集范围

数据类型		数据采集范围
实时数据	遥测	并网点电压、电流、有功功率、无功功率、功率因数等
	遥信	并网点开关位置、事故总信号（有条件）、主要保护动作信息等
非实时数据（电能量数据）		发电量、产权分界处电能量
电能质量数据（可选）		并网点处谐波、电压波动和闪变、电压偏差、三相不平衡等
其他数据（可选）		环境监测仪数据（为功率预测做数据支撑）

（2）各电压等级分布式光伏远动接入方式

10kV分布式光伏可采用光纤专网或无线网络接入相应的调度自动化、配电自动化等主站。380V分布式光伏可采用无线公/专网方式经过相应终端接入相应的用电信息采集系统（智能电表方式）或配电自动化主站（台区融合终端方式）。调度自动化系统可通过与用电信息采集系统、配电自动化等主站交互的方式满足分布式光伏可观、可测要求。

（3）10kV分布式光伏远方监控

以10kV电压等级接入的直采直控分布式光伏电站，其站内部署远动机、测控装置、AGC子站等设备，也可部署多合一远动装置，具备条件时可接收调度控制指令。分布式光伏应具备遥控和遥调功能，可执行调度下发的远方控制解/并列、启停和发电功率指令。远方监控应配置有功功率控制系统，具备有功功率连续平滑的调节能力，并能够参与调度有功功率控制。

（4）380V低压分布式光伏远方监控

以380V低压等级接入的分布式光伏，其终端应用包括智能电表、能源控制器（集中器）、台区融合终端等，其终端数据采集应满足实时性要求。低压分布式光伏初期应满足可观可测要求，现阶段可因地制宜试点采用适当方式满足可调可控要求。低压分布式光伏应具备有功功率控制能力，有功功率控制可采用基于用电信息采集系统、配电自动化系统或第三方外部平台等方式。

3. 发展展望

随着清洁能源的快速发展和能源政策的推广，分布式能源并网已经成为分布式电力系统的重要组成部分。分布式能源并网技术的发展将会在以下几个方面得到加强：

（1）智能化控制技术的发展。随着分布式电源越来越多地接入电网，智能化控制技术将成为分布式能源并网的关键，以实现能量优化利用的最大化。

（2）电力储能技术的应用推广。电力储能技术在分布式能源并网中发挥着极其重要的作用，因此将迎来更加广泛的应用，为分布式能源并网提供更加可靠的支撑。

（3）电力负荷预测技术的提高。电力负荷预测技术是支撑分布式能源并网发展的核心之一。随着电力负荷预测技术的进一步成熟，通过对运行数据的分析监测，已具备对电力负荷预测的能力，可实现实时调整电网的运行策略，提高电力系统的运行效率。

（4）微电网技术的应用推广。微电网技术是分布式能源并网中的重要组成部分。微电网解决方案将更加智能化、高效和可靠，这将大大提高分布式能源并网的可持续发展能力。

总之，分布式能源并网技术的发展将会更加智能化、高效化和可靠化，以实现清洁能源和智能电网的互相融合及优化利用。

4.6.2 储能技术

1. 概述

随着储能重要性的日益增长，世界各国纷纷出台储能激励措施，扫除市场发展障碍。具体措施包括支持储能技术的发展、开展储能项目示范、制定相关规范和标准，以及建立和完善涉及储能的法律法规等。

1）国内现状

国内储能在电力系统应用中主要涉及五大领域十七种类型，未来呈扩大趋势。五大领域分别是发电、辅助服务、输配电、可再生能源及用户；十七种应用类型分别是辅助动态运行、取代或延缓新建机组、调频、电压支持、调峰、备用容量、无功支持、缓解线路阻塞、延缓输配电网升级、备用电源、可再生能源平滑输出/削峰填谷、爬坡率控制、用户分时电价管理、容量费用管理、电能质量、紧急备用和需求侧管理。

储能是智能电网、可再生能源高占比能源系统的重要支撑技术。近年来，相关鼓励政策的加速出台为储能产业大发展铺路，推动行业进入规模化发展阶段。2016年3月，"发展储能与分布式能源"被列入"十三五"规划百大工程项目，储能首次进入国家发展规划。2017年9月，国家发展改革委、财政部、科技部、工业和信息化部和国家能源局联合印发《关于促进储能技术与产业发展的指导意见》（以下简称《意见》），这是我国储能行业第一个指导性政策。从技术创新、应用示范、市场发展、行业管理等方面对我国储能产业发展进行了明确部署。

第一阶段（2016—2020年）：储能产业发展进入商业化初期，储能对于能源体系转型的关键作用初步显现，建成一批不同技术类型、不同应用场景的试点示范项目；研发一批重大关键技术与核心装备，主要储能技术达到国际先进水平；初步建立储能技术标准体系，形成一批重点技术规范和标准；探索一批可推广的商业模式；培育一批有竞争力的市场主体。

第二阶段（2021—2025年）：储能产业规模化发展，储能在推动能源变革和能源互联网发展中的作用全面展现，储能项目广泛应用，形成较为完善的产业体系，成为能源领域经济的新增长点；全面掌握具有国际领先水平的储能关键技术和核心装备，部分储能技术装备引领国际发展；形成较为完善的技术和标准体系，并拥有国际话语权；基于电力与能源市场的多种储能商业模式蓬勃发展；形成一批有国际竞争力的市场主体。

2）国外现状

国外的储能政策环境相对完善，我国仍在不断摸索和建立过程中。中关村储能产业联盟自2012年以来对国内外储能相关政策进行收集梳理，归纳出与储能直接、间接相关的政策主要有七大类，包括可再生能源上网电价、峰谷电价、储能技术研发支持政策、储能的发展规划、配备储能的分布式发电激励政策、储能系统安装的税收减免及储能电价支持等。美国的储能政策体系较为完善，且连续性较强。我国处在逐步建立政策体系过程中，目前已有一些积累，但还需要完善。

2. 研究及应用进展

1）新型储能技术

（1）物理储能

抽水蓄能是把水当作储能介质，并且上、下水库之间应存在一定的落差，利用能量的相互转化，来实现电能的储存和释放。这不仅适用于调频、调相，进而稳定电力系统电压，而且可以提高系统中火电站和核电站的效率。抽水蓄能并不是传统意义上的发电站，而是最早出现在电力系统中的一种储能类型。该储能系统很好地通过将水的势能、水轮机的机械能及发电机的电能进行有机结合，实现了电能在时间和空间上的转移。不足之处在于抽水储能装置对于环境要求较高，必须建在水域区，选址困难，建设成本高，投资周期也比较长，损耗较高，包括抽蓄损耗和线路损耗。

压缩空气储能，是燃气轮机系统实现的利用电力系统负荷低谷时的剩余电量，由电动机带动空气压缩机，将空气压入作为储气室的密闭大容量地下洞穴，当系统发电量不足时，将压缩空气经换热器与油或天然气混合燃烧，使燃气轮机做功发电。压缩空气储能技术主要应用于大电网的输、配电环节。其优点是运行维护费用低、寿命长、规模大。另外，压缩空气储能也有调峰功能，适用于大规模风场，因为风能产生的机械功可以直接驱动压缩机旋转，减少了中间转换成电的环节，从而提高了效率。不足之处在于它不仅对环境条件有要求，对设备装置的要求也很高，需要大型的储气装置，而且还依赖化石燃料，其最大的不足是效率较低。

飞轮储能是指利用机电能量转换的物理方法实现储能。在储存电能阶段，利用电能驱动电动机运行，运行的电动机带动飞轮转动，完成电能到机械能的能量转换，输入飞轮储能系统的电能储存在高速旋转的飞轮体中；随后，电动机会保持一个稳定的转速，直到进入释能阶段；在释能阶段，高速旋转的飞轮推动电动机进行发电出力，再通过电力转换器输出符合用户需求的电能，完成机械能到电能的能量转换。飞轮储能更多应用于工业生产中对电压波动较为敏感的精密制造与电力调频领域。优点是使用寿命长、功率密度高和对环境友好。不足之处是自放电率高，如停止充电，能量在几个小时到几十个小时内就会自行耗尽，只适合一些细分市场，如高品质不间断电源等。

（2）光伏储能

光伏储能是指将光伏发电系统与储能电池系统结合起来，主要在电网工作应用中起到"负荷调节、存储电量、配合新能源接入、弥补线损、功率补偿、提高电能质量、孤网运行、削峰填谷"等作用。通俗来说，可以将储能电站比喻为一个蓄水池，可以把用电低谷期富余的水储存起来，在用电高峰的时候再拿出来用，从而减少了电能浪费。此外，储能电站还能减少线损，增加线路和设备的使用寿命。其优点是太阳能资源丰富、永不枯竭，安全可靠、无污染，不需要燃烧不可再生能源，不受地域影响、可以利用房屋面等，建设周期短，能源质量高。不足之处在于气候对之影响较大，如雾霾、大雾天气时，容量传输有一定的局限性，光能的转换效率偏低，在昼夜交替时，发电量也会受到影响。

（3）电气类储能

超导磁储能是指将电能转化为电磁能进行储存，通过超导线圈和变流器设备的交互进行实现。超导磁储能系统能够直接对电磁能进行储存，并且在超导状态下不会产生热损耗。相比常规线圈而言，超导磁储能系统中超导线圈产生的电流密度更大，能够与电力系统进行功率补偿及大容量的实时能量交换。超导磁储能适用于提高电能质量、增加系统阻尼、改善系统的稳定性能，特别适用于抑制低频功率振荡。优点是转换效率高、响应速度快、比能量和比功率高、储能密度大等优点，而目前高昂的成本和复杂的技术限制了超导磁储能系统的推广应用。超导磁储能系统在电力系统中应用广泛，包括改善电网电压和频率特性、实现电能质量管理、降低和消除电网低频功率振荡、提高紧急事故应变能力、实现输配电系统动态管理、提高电网暂态稳定性、进行功率因数调节等。超导磁储能的不足之处是成本较高（材料和低温制冷系统），使得其应用受到很大限制。受到可靠性和经济性的制约，商业化应用还比较远。

超级电容器储能用活性炭多孔电极和电解质组成的双电层结构获得超大的电容量。与利用化学反应的蓄电池不同，超级电容器的充放电过程始终是物理过程。超级电容器目前主要分为两种：一种是电化学电容器，另一种是双电层电容器。其中，双电层电容器目前应用更广泛。双电层电容器在运行时，发生的不是电化学反应，而是电荷在电极和电解液界面的脱附过程。超级电容器储能更多应用于工业生产中对电压波动较为敏感的精密制造与电力调频领域。优点是它可以将电能直接储存在电场中，无能量形式转换，充放电时间短，适用于改善电能质量。由于能量密度较低，适合与其他储能手段联合使用。不足之处是和电池相比，其能量密度导致同等质量下储能量相对较低，直接导致的结果就是续航能力差，依赖于新材料的诞生，如石墨烯。

在利用新能源发电时，如风电，当风电充足且没办法并入电网造成风能浪费时，就可以利用风能将水电解制成氢气和氧气，再利用氢气储存罐将氢气储存起来，当风力发电不足时，将储存的氢能通过不同方式的内燃机等转换为电能输送到电网，解决供电不足的问题。与电化学储能相比，氢储能容量的扩大仅依赖于储罐的几何尺寸和储存方式，增容成本大幅度降低。氢储能的优点是氢能适用于大规模储能，在储能规模上氢能没有硬性要求，它可以实现千瓦时级的大容量储存；氢储能在时间上和空间上都较为灵活；氢储能可以通过不同的储存方式实现远距离、跨地区运输等。不足之处是产生氢能的过程成本高昂，氢气是高度易燃、易挥发的物质，且氢气没有气味，所以在使用过程中它的安全性并不是最高的；运输比较麻烦，氢能比较轻巧，不像石油那样可以通过管道推动来运输；其压缩过程也比较难。氢能的储存方式有高压气态储氢、氢气压缩机、低温液态储氢、化学储氢、金属氢化物储氢、液态有机氢载体储氢、液氨储氢、地下储氢、风光储氢等。

（4）电化学储能

电化学储能是电池类储能的总称。电池的主要分类有锂离子电池、磷酸铁锂电池（LFP电池）、三元锂电池（NCM电池）、铅酸蓄电池、钠硫电池和液流电池等。电化学储能主要运用于太阳能、风力发电等波动较大的可再生能源发电侧、中小型智能变电站和用电侧，其通过化学反应进行电池正、负极的充电和放电。

锂离子电池是一种主要靠锂离子在正、负极之间来回移动的二次电池。在充电的时候，锂离子从正极通过电解质移动到负极，负极处于富锂的状态，放电时相反。锂离子电池具有应用范围广、储藏能量的密度高、功率密度高、技术进步快、效率高以及发展潜力大等优点。高容量锂离子电池在生产、使用或报废过程中均不含铅、汞、镉等有毒有害重金属元素及物质。其不足之处主要是安全性差，因为锂离子电池的电解液是有机电解液，存在较大的事故风险，因此锂离子电池均需要保护线路，防止电池被过充、过放电。

磷酸铁锂电池（LiFePO$_4$，LFP）是以LFP材料作为电池正极的锂电池。磷酸铁锂电池在充电时，正极中的锂离子Li$^+$通过橄榄石结构形状的聚合物隔膜向负极迁移；在放电过程中，负极中的锂离子Li$^+$通过橄榄石结构形状的聚合物隔膜向正极迁移。这种电池的优点是技术成熟，且在安全性、使用寿命、成本等多方面有突出优势，逐渐成为储能电池企业的优先选择；同时，该电池具有工作电压高、循环寿命长、自放电率低、无记忆效应、绿色环保等一系列独特优点，并且支持无级扩展，适合大规模电能储存，在可再生能源发电站安全并网、电网调峰、分布式电站、UPS电源、应急电源系统等领域有着良好的应用前景。其缺点是导电性能差，锂离子扩散速度慢，高倍充、放电时，实际的比容量低；磷酸铁锂电池的低温性能差，低于0度时容量下降快，在低温下循环性能极差。和铅酸蓄电池相比，磷酸铁锂电池的正极材料导电能力差，内阻高，过充电接受能力低，启动性能远不如铅酸蓄电池，产品一致性较差。

三元锂电池里面有不同层的化合物，锂原子最外层只有一个电子，很容易失去，所以锂是一种高活性金属，但是锂的金属氧化物非常稳定，实际的锂电池含有电解质和石墨，电解质只允许锂离子通过，当外加电源时，电源的正极会吸引锂的电子，使电子流过外部电路，并到达石墨层。同时，正电的锂离子被负极吸引，沿电解质到达石墨层，一旦所有的锂原子都到达石墨层，电池就充满电。此时，锂原子很不稳定，一旦移除电源并连接负载，锂原子就会作为金属氧化物的一部分恢复到稳定状态。由于这种趋势，锂离子穿过电解质，电子流经过负载，石墨和金属氧化物涂覆在铜箔和铝箔上，并分别引出正极片和负极片，锂的有机盐用作电解质，涂覆在隔膜片上。三元锂电池的优点是能量密度高，电压平台是电池能量密度的重要指标，决定着电池的基本效能和成本，电压平台越高，比容量越大。三元锂电池在受到撞击或在高温时起火点较低。

铅酸蓄电池是由海绵状纯铅构成的，正极板由二氧化铅构成，工作时把铅蓄电池的两组极板插入稀硫酸溶液里发生化学变化产生电压。通入直流电时（充电），在正极板上的氧化铅变成棕褐色的二氧化铅（PbO$_2$），在负极板上的氧化铅变成灰色的绒状铅，也叫海绵状铅。铅酸蓄电池放电时，正、负极板上的活性物质都吸收硫酸起了化学变化，逐渐变成硫酸铅（PbSO$_4$），当正、负极板上的活性物质都变成同样的硫酸铅后，蓄电池的电压就下降到不能再放电了。此时，需要对蓄电池充电，使其恢复成原来的二氧化铅和绒状铅，这样蓄电池又可以继续放电。这种电池的优点是运作起来时电压较高，且所适用的温度范围比较宽，高、低速率放电性能良好，原料来源丰富，价格低廉。这种电池的缺点是能量密度较低，体积、质量较大。

钠硫电池与一般二次电池（铅酸电池、镍镉电池等）不同，它由熔融电极和固体电解质组成。钠硫电池作为一种新型化学电源，到目前为止已经有了很大的发展。钠硫电池的优点是出现的能量大，效率高，省材料，能够使用的时间很长，原材料十分容易获得，且制备工艺简单，质量非常轻，使用起来方便，在电力储能中广泛应用于削峰填谷、应急电源、风力发电等方面。钠硫电池最大的缺点是自身原材料是易燃物质，所以导致其安全性能比较差。

液流电池的全称为氧化还原液流电池，是一种新的蓄电池。液流电池由电堆单元、电解液（液流电池中的液态活性物质既是电解质溶液又是电极的活性材料）、存储供给单元及管理控制单元等部分构成，是利用正、负极电解液分开，各自循环的一种高性能蓄电池。液流电池具有容量高、使用领域（环境）广、尺寸规格可以任意定制、循环使用寿命长、安全性能好等特点，是一种新能源产品。其缺点是容易发生漏液现象，且制造成本高、不经济。

2）新型电力系统中的储能技术

（1）储能在电源侧的应用

电源侧鼓励新能源配套储能发展，《中共中央关于制定国民经济和社会发展第十四个五年规划和二〇三五年远景目标的建议》提出，提升新能源消纳和存储能力，2020年内17个省（自治区、市）陆续出台支持新能源配套储能发展的相关政策，鼓励集中式新能源电站配套一定规模的储能设施，提升新能源利用水平。发电侧对储能的需求场景类型较多，包括电力调峰、辅助动态运行、系统调频和可再生能源并网等。

火电机组方面，因储能系统有较快的响应速度，可以解决可再生能源并网带来的冲击性问题，储能技术能够参与到火电机组的调峰，增加调峰容量，还能够优化电源结构。应用储能系统后，火电机组频繁增减出力可以进一步优化减少。风力发电方面，由于储能技术具有灵活性、可控性的特点，能够提升电网的安全性和稳定性，使得储能可以平抑风能和光伏等再生能源发电带来的波动性和随机性影响，特别是对于风能，风能产电的高峰时刻在夜间，此时用电处在低谷期，但是储能系统可以将电能储存起来等到白天用电高峰期时利用。

（2）储能在电网侧的应用

风、光作为间歇性能源，需储能配合使用，未来风、光行业有望成为储能的最大增量市场。电网侧储能主要用于缓解电网阻塞、延缓输配电设备扩容升级等。

从储能系统自身特性来看，其可以实现削峰填谷，即在用电高峰期储能系统可以补充电力，而在用电低谷期，储能系统可以吸收电力。储能系统不仅可以储存和释放电能，还可以控制充放电的速率，储能可以将系统的频率进行有效调节。目前大力推广的分布式储能装置，可以给负荷提供一段时间的服务，将其布置在负荷端，根据负荷需求释放或吸收无功功率，能很好地避免无功功率远距离输送时的损耗问题，实现电压支持。

（3）储能在用户侧的应用

通过进行各种"储能＋应用场景"的探索和创新，探索出多种商业模式；用电侧储能主要用于电力自发自用、峰谷价差套利、容量电费管理和供电可靠性提升等。

储能在用户侧领域的应用包括分时电价管理、电能质量提升和需求响应管理等方面。用户可以根据自己的实际用电情况来安排计划，将高价时段的用电需求通过储能装置转移到电价较低时段，这样不仅可以节约用电成本，而且还比较安全。可以根据不同类型储能的特点，针对系统发生的变化，及时、有效地通过调控储能的相关参数减小电压波动及闪变，进而避免出现系统中的电压暂降和暂升现象，提升供电质量。分布式储能在用户侧进行充、放电运行时，可以在尽可能不改变用户用电行为的情况下实现对用户的需求响应管理。储能参与用户侧建设分布式发电和微电网是储能系统在用户侧领域的另一种应用模式。

3）储能消防及热管理技术

（1）电池热失控事故的原因

触发锂电池热失控事故的原因可以分为机械滥用、电滥用和热滥用三类。机械滥用是指由于外力对电池的碰撞，使得电池出现针刺、挤压及重物冲击等现象。电滥用一般是指电压管理不当，其他元器件出现短路的情况，或者由于人员行为导致的过充电、过放电情况。热滥用是指对温度管理不当或温度感应器不灵敏，使得电池内部过热。

锂电池内部温度升高，触发电池内部的不可逆放热副反应相继发生，释放出大量的热，形成链式反应，是造成热失控的根本原因。

当热失控发展到不能够控制的地步时，就会出现燃烧爆炸现象，这时就需要使用灭火剂进行灭火，一般对电池进行灭火的时候需要用特殊高效的灭火剂。由于锂电池是一种含能物质，其火灾与普通火灾大有不同。其火灾具有燃烧剧烈、蔓延速度快，而且含有一定的有毒物质，如果灭火不当会出现复燃的情况等特点，因此电池灭火对于灭火剂的选择也要具有一定的针对性。

（2）针对电池灭火器的分类

按照灭火剂的形态，一般可以分为气体、固体和液体3种。固体灭火剂如干粉灭火剂，对锂电池爆发的火灾作用不大；气体灭火剂如卤代烷、CO_2、七氟丙烷，它们虽然有很多优点，例如，没有颗粒形状的物体，也不存在腐蚀，更不会有残留等，但是对于锂电池引起的火灾，气体灭火剂也只能扑灭火灾的明火，其温度很难降下来，这对抑制火灾的复燃没有作用。液体水基灭火剂能瞬间蒸发火场大量的热能，降温效果非常好，对环境也友好，且成本低廉，但容易导致储能电站内的电池短路损坏。

（3）电池热管理要求

① 温度对锂电池容量和寿命的影响。

锂电池的容量和寿命随着温度的变化会产生较大的改变，其主要原因是温度变化会导致电池的内阻和电压改变。

② 温度对锂电池热稳定性的影响。

温度对锂电池热稳定性的影响主要表现在高温会使电池的内部材料发生分解反应；当电池长时间处于极端低温工况时，会使得电池负极析锂，形成锂枝晶，导致电池无法工作。

③ 电池模组的温度均一性要求。

单体电池间的不均匀性会导致整个电池组在工作时产生木桶短板效应，即电池组的性能由性能最差的单体电池决定。锂电池在使用过程中不仅要给单体电池足够的舒适性，还要保证电池模组中各单体电池的均一性，才能提高电池组的整体寿命。

④ 湿度对电池性能的影响。

环境湿度的增加会使得电池内部的反应愈加剧烈，于是电池就会出现鼓包，甚至外壳破裂，最终使得电解液的热稳定性降低。

（4）储能电池系统的热管理方法

空气冷却是以气体为传热介质的一种热管理技术，可以简称为空冷。这种方法是把温度低的介质送入系统内部，介质流过电池表面利用热传导和热对流两种传热方式带走电池产生的热量，从而达到冷却的目的。空气冷却主要分为自然冷却和强制冷却：自然冷却是利用自然风压、空气温差、空气密度差等对电池进行散热处理；强制冷却是通过机械手段对电池进行冷却降温处理，通常以通风的方式实现冷却。两种冷却方式所涉及的冷却结构简单、便于安装、成本较低，但并不能满足电容量较大的储能系统散热，且进、出口的电池组之间温差偏大，即电池散热不均匀。

液体冷却是以液体为传热介质的热管理技术，简称液冷。这种方法是利用液体具有较高热容量和换热系数的特性，将低温液体与高温电池进行热量交换，从而达到降温的目的。液体冷却系统结构复杂、经济效益低，且安装及后续维护技术难度较大。

热管冷却是利用介质在热管吸热端的蒸发带走电能，此冷却方式可任意改变传热面积，适用于较长距离的热量传输。热量被热管的放热端通过冷凝的方式将热量发散到外界中，从而实现冷却电池的目的。

3. 发展展望

1）储能系统的综合价值

自有储能系统渗入新能源电力系统之后，新能源系统的安全性、经济性及低碳环保性等具有多重价值。对于投资商来说，储能系统的收益主要体现在削峰填谷，充、放电运行时通过电差价来达到经济收益；对于新能源营运商来说，储能系统可以改善电能质量，既可以减少弃风、弃光、弃水等新能源发电方式，还可以规避市场上的极端低电价风险；对于发电厂来说，储能系统可以改善频率和峰值的性能；对于电网公司来说，储能可以延缓输电，缓解局部电网阻塞，还可以提供紧急备用电源等；对于用户来说，可以利用削峰填谷的特性来节约成本，也可以规避在用电高峰期停电的风险，保证用电的稳定性。

在电源侧价值方面，现在大量可再生能源并网，如风电、光电等，可再生能源发电的规模越来越大，给电网的安全运行及供电质量带来了很大的负面影响。为了使可再生能源发电并入电网能够安全、可靠运行，需要配置储能系统对其可再生能源发电进行缓冲，从而减小对电网的冲击。储能系统在发电领域可提供辅助服务，平缓发电曲线，这些服务可以平稳发电机组出力，使得发电机组的运行变得更加经济和高效，减少传统化石能源机组的燃料成本和机组启停机成本，同时能够减少动态运行给机组带来的损害，增加机组寿命，降低更换和维护设备的成本。储能系统还可以降低或延缓对新建发电机组容量的需求，为传统化石能源发电机组带来收益。

在电网侧价值方面，储能系统并网运行之后不仅可以改善电能质量，而且还能改善电能的输送能力。由于储能本身的特性，即削峰填谷，这种特性使得电力系统负荷曲线更加平稳，降低了处在高峰负荷的电流量，也降低了线路的损耗。

在用户侧价值方面，由于储能系统具备快速响应能力，一方面，可以凭借其分钟级甚至秒级的极短反应时间和数分钟到数小时的持续服务能力，来满足用户需求；另一方面，也能通过短距离吸收或释放无功功率，更好地改善远距离输送过程中产生的无功损耗现象，提升供电质量，改善用电可靠性。对于一部分负荷敏感的用户，储能设备可以作为不间断电源，保证供电的持续性。

2）储能给环境带来的价值

储能系统提高了可再生能源并网能力，实现了可再生能源的就地消纳和外送，使得可再生能源的使用更加深入和广泛，因此可再生能源的并网发电量会逐步替代火力发电量，进而不仅可以减少不可再生能源化石能的使用，而且还可以降低耗费燃烧化石燃料，或者至少可以提高化石燃料的燃烧率，这两种情况都可以减少燃烧化石产生的废气及污染物的排放。2020年我国提出了"碳达峰、碳中和"的双碳目标，已经明确了能源结构要转型的方向。这一目标的提出更进一步显现了储能系统的重要性，储能系统是可再生能源规模化的重要技术支撑，也是实现节能减排路径上不可缺少的一环。

3）储能系统未来的发展

国家发展改革委、国家能源局联合印发了《"十四五"新型储能发展实施方案》（以下简称《实施方案》），进一步明确了发展目标和细化重点任务。"十四五"时期是我国实现碳达峰目标的关键期和窗口期，也是新型储能发展的重要战略机遇期。《实施方案》中强调了储能系统的发展方向，即开展钠离子电池、新型锂离子电池、液流电池、压缩空气、氢储能、热储能等一系列关键核心技术、装备和集成优化设计研究，集中攻关超导、超级电容等储能技术，研发储备液态金属电池、固态锂离子电池、金属空气电池等新一代高能量密度储能技术。国家发展改革委、国家能源局联合印发的《关于加快推动新型储能发展的指导意见》中明确提出，到2025年，实现新型储能装机规模达3000万千瓦以上。目前，各省市加快推进储能项目的落地，有超过20个省份明确了配套储能设备的配储比例。

4.7 电动汽车充换电技术

1. 概述

近年来，我国能源革命处于加速构建清洁低碳、安全高效能源体系的战略转型期。电源侧逐步形成多元供应体系，负荷侧终端能源也日益电气化，电动汽车产业进入高速发展阶段。截至2023年7月，全国电动汽车保有量已超1300万辆，充电基础设施累计数量为692.8万台，同比增加74.1%；预计，到2030年电动汽车数量将达到1亿辆，每辆车65kW·h电量，负荷侧等效储能达65亿度。随着再电气化进程不断加快、新能源高比例接入，电网电力平衡压力显著加大，以火电深度调峰为主的传统电网平衡调节手段已难以满足电网新能源快速发展的需要，电动汽车负荷特点的随机性和同时性给电网运行带来新的需求，随着电动汽车保有量的增加，对电网峰谷平衡的影响逐渐增大。同时，电动汽车又是智能电网的重要可调节资源和技术应用对象，停驶时间长、需求较宽松，是电网重要的可调负荷资源。因此，迫切需要挖掘电动汽车等灵活负荷参与调控的潜力，通过市场化的手段引导和调控电动汽车用户的充放电行为，将其灵活接入电网，通过精细化调度实现发电和负荷曲线的更优匹配，推动电力系统智能化程度和系统调节能力不断增强。

"双碳"目标背景下，新型电力系统对动态可控资源的需求加大，依据《电力需求侧管理办法（2023年版）》（发改运行规〔2023〕1283号）的要求，到2025年，各省需求响应能力达到最大用电负荷的3%~5%，其中，超过40%的省份年度最大用电负荷峰谷差率达到5%或以上。电动汽车作为负荷侧最经济的灵活性负荷资源，可通过信息通信、数学建模和智能控制等系列技术手段将离散的电动汽车充放电负荷聚合为一个虚拟负荷体，参与现货、辅助服务等多元市场，与风光等新能源融合发展，提升电力系统调节和新能源消纳能力。然而充放电集群响应调控不精准、用户受控体验差、参与率低、需要多级精准控制来实现分散的充放电设施高效参与实时调控等技术问题，都对进一步激发电动汽车负荷灵活性价值提出了挑战。如何改善现有电动汽车的充换电技术，将成为电网智能配电技术发展的重要组成部分。

2. 研究及应用进展

电动汽车的充换电技术包含几个核心模块，即电动汽车有序充电技术、V2G技术、充换电站及充电桩的负荷调控技术等。

其中，有序充电技术主要相对于无序充电而言。狭义的有序充电是指在配电网、用户、充电桩及电动汽车之间进行充分的信息交互和分层控制，全面感知配变负荷变化趋势，动态调整充电时间和功率，优化配变负荷运行曲线，实现削峰填谷，既满足用户的充电需求，又提升了配电网设备和发电设备的利用率，从而降低了电网和发电设备投资。广义的有序充电是指通过对充电可控的充电桩功率和时间进行调整，实现其充电过程对配电网或大电网的友好性服务，包括但不限于满足本地变压器容量、需求侧响应、电网调峰服务等。因此，对无感有序技术的研究与开展，一是可以让用户消除"烦琐、担忧"的不良感受，增强用户有序充电参与度，提升有序充电量，有效降低运营成本；二是可以提升有序充电对运营商和聚合商的收益，进一步扩大有序充电车网互动效果。无感有序充电技术的功能应用主要体现在以下几个方面：

（1）社区有序充电用户需求挖掘、充电策略与运营技术，可以推广至国网有序充电桩的建设中，将支撑公司有序充电业务的大范围推广，并提高公司相关能源业务平台"用户黏度"及市场占有率，大大提高有序充电桩有序充电模式的使用率，促进社区有序充电的推广范围与深度。

（2）项目研究中有序充电策略及平台，能够应用于社会有序充电运营商、私人有序充电桩共享，为不同资产有序充电桩参与各类充电补贴市场政策提供技术支持，并且可进一步提升有序充电的运营效率，为电网调控运行提供更为充沛、经济高效的调控资源，提高电网备用容量与事故应急能力，提升电网设备的利用率，减缓公司电网投资规模，提高公司运营效益。

电动汽车与电网之间的信息和能量双向交互（Vehicle-to-Grid，V2G），使电动汽车集群可以在电网发电富余的时段储存电能，在合适的时段向电网反馈电能，既可以支撑城市电网电压和频率调节、供电可靠性提高等辅助服务，保障电网平衡，也可为电网提供充裕的应急资源，提高紧急供电能力，提高电网的智能化。V2G技术的功能应用主要体现在以下3个方面：

（1）实现电网与车辆的双向互动，优化电网结构，减缓配电网投资

电动汽车V2G储能集群调控关键技术根据用户出行规律和用能特性，既可以在电网发电过剩时充电，也可在电网过负荷时及时放电。另外，该技术的应用可以协助电网调频、调压，以及促进可再生能源消纳，降低传统调峰备用发电容量，提高电网的经济性。通过调度电动汽车V2G参与电网调控，在降低电网峰谷差的基础上，可以减缓配电网的投资规模，有利于提升电网公司运营效率。

（2）提升客户侧智能管理，发挥电网平台价值

通过面向V2G的电动汽车储能集群调控关键技术研究与示范应用，可提升公司对于客户侧电动汽车的智能管理，构建良性互动和客户关系，充分发挥电网的平台价值。完善配套商业模式，吸引用户积极参与电网协同优化运行，扩大电动汽车V2G集群化参与电网调节的体量，引导分散资源聚集并形成规模优势，为电网基础设施优化建设、削峰填谷、清洁能源消纳等做出贡献，并实现用户与公司利益最大化。

（3）促进清洁能源消纳，降低电动汽车用户的使用成本

据统计，90%以上车辆95%的时间都处于停驶状态，这为电动汽车V2G储能参与电网调控提供了基础条件。

充换电站及充电桩的负荷调控技术，则主要是指在满足用户出行时间和充电补能需求的前提下，运用智能调控等技术手段规模化调节电动汽车充电时序与功率，满足电网

安全运行需求。充换电站及充电桩的负荷调控技术功能应用主要体现在以下几个方面：

（1）通过构建多类型资源响应特性的分类分级机制，依托充放电资源的响应特性，研究基于运营数据的实时滚动优化技术及闭环控制模型，实现负荷对调控指令的精确跟随。

（2）通过掌握需求响应、辅助服务、现货市场等各类电力市场及碳交易市场的耦合机理与协调机制，为电动汽车用户提供更加可用、易用、好用的充放电服务，为构建良好的产业生态环境提供技术和系统支撑。

（3）根据多元市场的多目标最优决策及报价报量策略，增强有限资源配置能力，解决多元市场交易中各类型车辆交易比例不同，以及不同时序下多市场与差异化可调资源交叉配置困难等问题。

3. 发展展望

电动汽车充换电技术未来的发展趋势主要体现在四个维度上，即装置、平台系统、标准，以及市场建设。

在装置端，建立电动汽车特征识别库，通过分析电动汽车用户的充放电参数、充放电行为、效用函数等特征，建立用户识别模型，划分出不同响应类型的电动汽车群，基于电动汽车群体特征，构建各细分市场的电动汽车负荷预测模型。基于有序充电桩与公共充电桩等的响应特性，研究适用的控制方法。基于整体偏差量与电动汽车功率调整优先级，研究电动汽车功率调整量的排序优先级方法，制定各充电桩实时的功率调整策略。

在平台系统端，从调控架构、调控模式和市场机制方面构建适应多场景和多类细分市场互动的"车—桩—聚—网"电动汽车信息与能源耦合的负荷调控架构体系；在车网互动负荷调控体系的基础上，以负荷调控公共服务平台为核心，依托分时电价、需求响应、电力交易等多个市场，整合个人充电桩、公共与专用充电场站、充电运营商与聚合商等多类资源，围绕"1+M+N"设计高效、稳定、可持续的车网互动业务模式与市场运作机制。基于车、网及电动汽车用户相关数据和模型，建立典型城市电网、省级电网、区域电网充电负荷预测模型，构建宏观层面（城市电网级、省网级和区域级）及微观层面（台区级和园区级）的电动汽车负荷调控仿真平台，通过高效模拟电力系统与聚合商的交互行为与相互影响，实现电动汽车负荷调控效果的直观展现与调控效果的直观评估，有效满足规划与效益评估阶段、市场交易和运营阶段对电动汽车负荷调控仿真的技术需求。

在标准端，分析多元电力市场和碳市场的机理机制及运营体系的现状，确定以耦合机理与协调机制、主动型电动汽车运营体系、数据交互标准化接口为研发重点，通过开展国内外多元市场运行特性及趋势分析研究，实现多元电力市场和碳市场的耦合机理与协调机制。通过标准化接口实现信息深度融合，实现适应充电运营平台与调度、需求响应、电力交易、碳交易等多业务平台的数据交互标准化接口，最终构建基于配电网一张图的数据建模与协同交易运营及交互仿真工具，促进车联网与配电网的主动协同互动。

在市场建设端，基于电动汽车充电运营及车辆运行数据，深度挖掘电动汽车的充电需求特性及对价格的敏感性，利用损失厌恶系数、基于用户心理的分段激励价格函数制定差异化激励机制，探索不同激励水平下电动汽车用户响应时间快慢及价格激励渠道；面向运营车辆用户从电量贡献度、响应速率贡献度进行分析，构建考核指标，进行充电负荷曲线与调控曲线匹配程度分析；面向个人非运营车辆用户从单个用户响应电量与平均响应电量的差值进行分析，构建考核评价指标，研究不同时序、不同市场的电量交易及负荷调控交易的偏差考核区间和奖惩机制。

4.8 低压柔性直流互联技术

1.概述

随着"双碳"目标的提出，电网的发展方向将是"双高"电网，即高比例清洁能源和高比例电力电子装置。大规模分布式光伏的并网接入，以及以电动汽车、电采暖等电能替代负荷为代表的新型负荷广泛普及，直接影响现有配电台区的电能质量和运行控制。大规模无序接入还将导致配电台区及电源线路容量不足等问题，需投入大量资金进行增容扩建。另外，同一区域内经济结构不一致也会导致台区负载差距较大。随着政府推进乡村电气化工程，接入公变容量逐渐增大，使大量台区存在重载风险，而又不能通过增容布点投资来解决，同一地区也存在负载较轻却未能充分利用容量的台区。因此，同一区域多个台区间通过互联互供可在一定程度上提高台区间负荷均衡和能量优化的能力，缓解电网升级改造的压力。目前，台区间互联互供大多采用基于拓扑重构、开关组合状态切换等方法。在这种传统交流方式进行互联互供的过程中，由于交流电网"闭环设计、开环运行"的特征，台区之间的母联开关在系统正常运行时往往处于冷备用状态，其互济功率可控性及负载均衡能力均不足以支撑当前台区内源、荷两端快速发展的需求。因此，需研究多端低压柔性直流互联技术，将多个配电台区进行柔性互联，实现多个低压台区的优化调度。目前，低压柔性直流互联系统已在国网济南八涧堡台区、宁夏闽宁镇示范区等地进行试点应用。

2.研究及应用进展

1）研究进展

（1）技术特点与技术路线

使用多个低压柔性互联装置，将多个台区连接起来。在低压柔性互联装置间构建直流母线，将直流光伏、储能、充电桩等设备接入直流母线上，构建低压柔性直流互联系统，实现交流侧与直流侧之间、多个台区之间的电能互济。主要对低压柔性互联装置展开研究，包括以下三大部分。低压柔性直流互联系统示意图如图4-72所示。

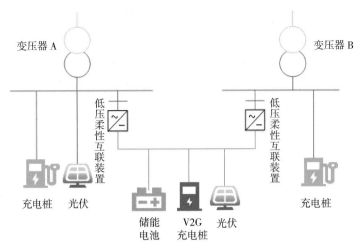

图4-72　低压柔性直流互联系统示意图

① 低压柔性互联装置主电路拓扑结构研究

首先对低压柔性互联装置主电路拓扑结构展开研究，然后研究低压柔性互联装置功率器件换流原理及调制方法，进行交流侧滤波电感、滤波电容、直流侧支撑电容、功率器件等主要一次元件的关键参数设计。

② 低压柔性互联装置控制电路及控制技术研究

研究以数字信号处理器（DSP）为核心的控制电路、信号调理电路和通信接口电路，进行低压柔性互联装置基于功率、电流双闭环控制的功率双向流动控制算法研究及模型仿真，研究过电流与过电压、低电压穿越及高电压穿越等保护技术和电能质量治理策略。

③ 低压柔性互联装置开发

设计低压柔性互联装置内部元器件布置方案及内部元器件之间的电气绝缘距离，研究低压柔性互联装置故障保护、功率控制等功能实现方法，设计集测量、通信、控制于一体的低压柔性互联装置一体化方案，最后完成低压柔性互联装置的开发。

（2）功能要求

交流测负载率较大时，直流侧向交流测输出功率，交流测负载率较小时，将多余的电能储存到储能设备或充电桩中，实现削峰填谷的功能，提高光伏、储能等设备的利用率。若一个台区的负载过大，其他台区可向其发出功率，实现各台区间的功率互济；若一个台区的变压器出现故障，其他台区可接替它保障这个台区的供电；若所有台区都失去电力供应，储能、光伏等设备可保障台区核心设备的供电。

2）应用进展

目前，低压柔性直流互联技术已在济南八涧堡生产基地进行了实际的现场应用。八涧堡生产基地由八涧堡南和八涧堡北两台箱变供电，改造前两个台区整体呈现八涧堡南箱变负载率高、八涧堡北光伏发电、容量富余较多的情况。为改善这两个台区的负载情况，应用了低压柔性直流互联系统，该系统由两个智能开关、两个AC/DC逆变器、一个直流开关柜和三个直流负荷（光伏、储能电池、充电桩）组成，通过融合终端对各组成单元的控制，实现两个箱变之间的互联互济。整个系统主要实现了以下五大功能。

（1）削峰填谷

当八涧堡北负荷较大时，直流光伏及储能电池（含V2G充电桩）可以通过融合终端控制，将电能输入交流系统，实现削峰功能。当负荷较小时，通过融合终端控制可以将交流系统电能输入储能电池，实现填谷功能。

（2）容量互济

当八涧堡南、八涧堡北两个箱变均轻载时，融合终端通过控制低压出线总开关，实现一个箱变接带两个箱变负荷，提高箱变的经济运行效率。当八涧堡南箱变出现重过载时，可将八涧堡北箱变交直流系统富余电能接带八涧堡南部分负荷，实现台区容量互济，提高配电网容量弹性。

（3）停电互助

当八涧堡南箱变故障时，融合终端控制开关分合闸，将八涧堡南负荷转由八涧堡北箱变接带，同样八涧堡南箱变也可临时接带八涧堡北箱变负荷，通过低压互联，为核心设备——八涧堡东区集控站提供双电源保障。

（4）核心保电

当10kV线路故障导致两个箱变均停电时，融合终端控制交直流光伏、V2G充电桩、储能等形成交直流混合微电网，为园区提供电力供应，是典型的配电能源互联网形态。

（5）有序充电

融合终端与V2G充电桩互联，可以根据台区负荷情况，为充电桩提供全额电力供应，在台区负载较高情况下，控制充电桩的充电功率。

3. 发展展望

随着电力行业的发展和应用需求的变化，低压柔性直流互联技术逐渐受到关注。该技术可以提高电力系统的稳定性、可靠性和经济性，具有广阔的应用前景。

目前，低压柔性直流互联技术已经得到广泛的研究和应用。未来，该技术的发展趋势主要体现在以下3个方面：

（1）智能化控制。未来的低压柔性直流互联系统将采用更加智能化的控制方式，实现快速响应、自适应控制和故障检测等功能。通过智能化控制，可以更好地提高系统的性能和可靠性。

（2）多级拓扑结构。未来的低压柔性直流互联系统将采用多级拓扑结构，实现更加高效、稳定和可靠的电力传输。多级拓扑结构可以降低电压等级，减小电力损耗，提高系统的经济性和可靠性。

（3）新型器件和材料。未来的低压柔性直流互联系统将采用新型器件和材料，实现更加高效、稳定和可靠的电力传输。新型器件和材料可以提高系统的性能及可靠性，降低系统的成本和能耗。

总之，未来的低压柔性直流互联技术将继续发展和创新，实现更加高效、稳定和可靠的电力传输。该技术将为电力行业和社会发展提供更加环保和可持续的解决方案。

第5章
智能配电技术应用案例

5.1 新一代配电自动化系统应用案例

5.1.1 新疆巴州和静县配电自动化综合示范区

1. 背景描述

近年来，电采暖、分布式光伏、电动汽车等新型源荷的大量接入，对配电网的安全性、经济性和适应性提出了更高要求。国网新疆电力有限公司巴州供电公司为促进乡村经济发展和消费转型升级，落实煤改电工程实施，提升乡村配电网的供电可靠性，在国网新疆电力有限公司的整体部署和指导下，在巴音郭楞蒙古自治州（简称"巴州"）和静县开展县级配电自动化综合示范区建设和应用，全面助力新型配电网建设和配电网数字化转型。

2. 技术内容

该示范区按照新一代配电自动化主站系统架构，围绕"做精配电网调度控制、做强配电网设备状态监测"，提升"变电站—配电线路—配变台区—低压用户"中低压配电网全环节智能化监测与管理水平，实现对配电网调度运行管理与配电网精益化运维管理的全面支撑。

1）中压配电自动化建设

突出配电自动化在精准定位、快速复电、主动抢修等方面的实用化能力建设，以"全感知、全研判、全自动"为目标，城镇采用架空—电缆—环网柜集中型馈线自动化模式，乡村采用就地型馈线自动化模式，其策略均选用"保护级差式馈线自动化"的原则开展建设工作，同步在城镇区域中压配电线路合理部署高精度故障指示器，在乡村区域部署外施信号型故障指示器，着力解决配电网接地故障研判、保护级差不足、故障自愈等关键问题。

（1）集中型馈线自动化模式。以架空—电缆—环网柜为集中型馈线自动化网架结构，通过光纤通信实现保护级差式馈线自动化。单环网线路主干线选用一二次融合环网柜，环网柜的进线采用负荷开关，出线采用断路器接带用户负荷。负荷开关配套安装"三遥"配电自动化终端，具备测量、控制、重合闸投退、保护出口、过流检测、接地故障检测、历史数据存储与调阅、故障录波、远程维护等功能。选用集中型馈线自动化模式，环网柜负荷开关配置过流和接地告警，出线断路器配置三段式电流保护和零序保护，与变电站出线断路器进行级差配合，防范用户侧越级跳闸。46秒可实现故障区段自动隔离，非故障区段自动转供。集中型馈线自动化建设模式如图5-1所示。

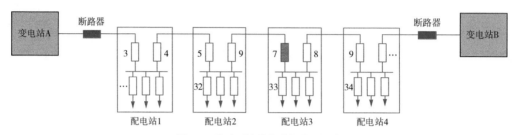

图5-1　集中型馈线自动化建设模式

（2）就地型馈线自动化模式。在乡村地区以架空单联络、多联络线路为就地型馈线自动化网架结构，信号源发生器按照每一段母线装1台，对配电线路按照拓扑关系以线路延伸最远路径为主干线，综合考虑线路长度、用户数量、负荷大小进行合理分段，配置一二次深度融合断路器。分支及其分段开关按照分支首端全覆盖，大分支按照线路长度、用户数量、负荷大小进行合理分段，配置二遥动作型分段开关，用户前侧加装二遥动作型分界开关，分支首端及分支分段适当安装外施信号源型高精度故障指示器。通过应用一二次深度融合断路器，对联络路径上各分段关键性节点进行改造，实现就地型保护级差式馈线自动化。50秒可实现故障区段自动隔离，非故障区段自动转供。就地型馈线自动化建设模式如图5-2所示。

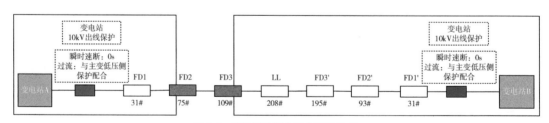

图5-2　就地型馈线自动化建设模式

2）单相接地故障精准定位建设

以"城市自愈、农村馈线自动化"为总方向，结合一二次深度融合断路器"小电流持保护"实现接地故障的选线及选段，再辅以故障指示器，实现接地故障的分支、分支分段，以及用户的精确定位，将多种终端接地告警及暂态录波信息通过配电自动化主站进行拓扑分析综合研判，实现故障点精准定位，并同时将故障短信发送至抢修人员，实现高效抢修复电、减小运维人员劳动强度，尽可能避免拉路停电。单相接地故障精准定位建设模式如图5-3所示。

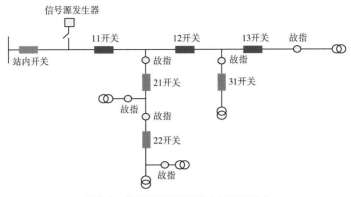

图5-3 单相接地故障精准定位建设模式

3）智能台区建设

按照"云管边端"配电物联网体系，在四区主站部署涵盖源网荷储的新型配电台区能源管理系统。在智能融合终端部署"一键顺控App、低压可靠性分析App、电能质量综合治理装置交互App、光伏并网管理App、不平衡自动调节App、低压互联自愈App等"。应用"全绝缘、物联化、智能化"建设思路，自主研发安装"三合一"集中户表箱、分布式光伏并网管理箱，创新使用四色低压导线单边垂直挂接、低压"十字交叉"圆弧走线等新工艺，整体台区接线标准规范、安全美观，且实现全绝缘。研发部署"一键式顺控+电压质量调节"智能JP柜，应用智能封闭喷射式熔断器、调容调压变压器、台区交直流柔性互连设备等，综合配置低压智能断路器、无功补偿、配变测温等装置，形成完整的信息采集、感知、处理、应用等环节智慧物联体系，实现配变状态监测和运行操作的一键式顺控、台区容量互联互济、源网荷储高效互动，以及三相不平衡、谐波、重过载等的自动治理，大幅度提升安全性、时效性及供电能力。分布式光伏台区建设模式如图5-4所示。

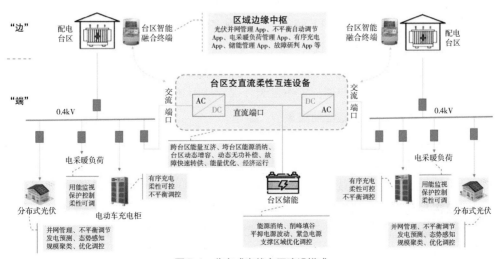

图5-4 分布式光伏台区建设模式

4）配电电缆智能保护建设

以实现配电电缆运行状况在线监测为目标，应用智能电缆保护（Smart Cable Guard，SCG）技术，将电缆线路的起点至终点作为一个监测单元，每个监测单元首尾分别装设一个传感器注入器（SU）和一个控制器（CU）。监测单元通过持续监测电缆线路局部放电数据，并通过控制器（CU）时间同步及行波时间差计算出具体的局放位置（精确到监测电缆长度的1%）。同时将监测单元接入配电自动化主站，经过算法分析从传感器收集的数据实现配电电缆三级预警，在电缆运行异常时可将相关告警短信发送至运维人员。电缆局放在线监测安装示意图如图5-5所示。

10kV 团人Ⅱ线、团人Ⅲ线、团人Ⅳ线 SCG 项目安装
（共计安装 6 个 CU 和 6 个 SU）

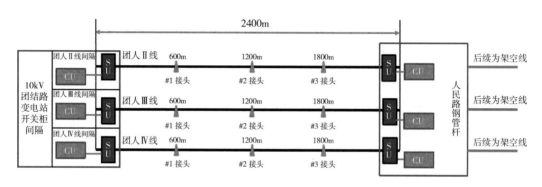

图5-5 电缆局放在线监测安装示意图

5）配电自动化主站实用化应用建设

（1）保护定值远程管理

基于FTU遥调技术、自动拓扑技术，在主站四区部署定值计算与审核功能模块，通过自动读取基础数据、电网拓扑结构、录入参数信息等，根据整定计算原则，实现配电网保护定值自动计算。在主站一区部署保护定值下装功能、终端升级遥调功能，主站可根据已生成的定值单形成终端下装指令，实现多终端远程一键下装及召测校核，解决了现场整定路程远、效率低等问题，避免了现场误整定及现场作业风险。部署保护定值整定全线上流转、全过程自动存档功能，实现保护定值计算、下装、校核、归档线上管理，解决了线下业务流转周期长、工作量大、保存期限短等问题，如图5-6所示。

（2）配电网运行方式智能辅助决策

基于主配电网模型、故障研判技术、FTU群控技术，在主站一区部署全停全转功能模块，包括拓扑着色、电源点追溯、供电范围分析、转供路径分析等功能，在变电站全停、母线停电、变电站母线失压时，主站可依据配电网运行数据实时分析线路负载情况、网架结构自动进行分析及网络重构生成合理转供方案，由系统自动或由调度员手动遥控操作配电终端，改变配电网运行方式，提升配电网安全稳定运行水平。

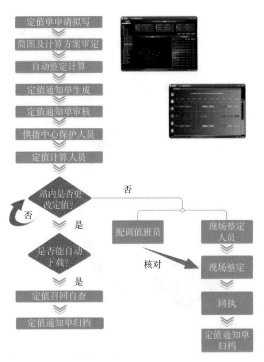

图5-6　保护定值远程管理流程图

（3）配电自动化终端自动对点

基于继电保护测试仪与配电自动化主站通信技术，在配电自动化主站及继电保护测试仪上分别部署自适应联调功能模块，实现主站、终端、继电保护测试仪三方数据互通、互验，通过在主站联调模块制定标准化电表、检测项目，并由主站下发调试任务对终端互感器精度、保护性能、业务功能等按标准进行自动检测，解决了检测标准不统一、内容不规范、所需人员技术水平高等问题，如图5-7和图5-8所示。

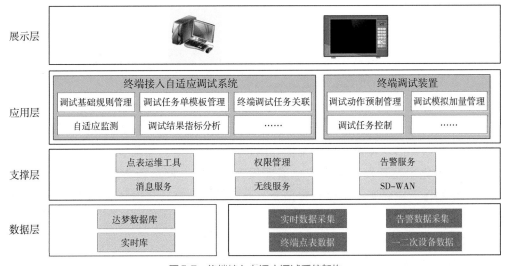

图5-7　终端接入自适应调试系统架构

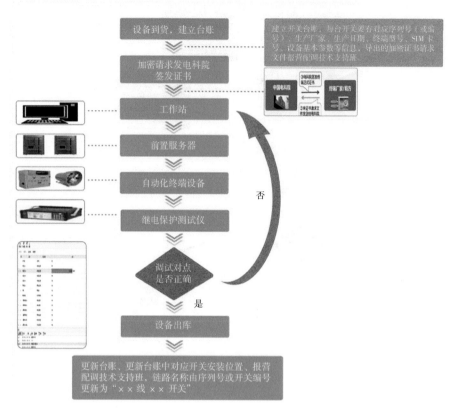

图5-8　终端接入自适应调试流程图

（4）三遥终端自动晨操

在配电自动化一区部署晨操管理模块，实现"三遥"开关批量自动预置巡检，扫描"三遥"开关的健康状况，自动形成开关缺陷清单，确保及时发现缺陷，以及高效治理缺陷，解决了传统人工预置效率低的问题，显著缩短了"三遥"开关预置巡检周期。

3. 推广部署情况

2022年，国网新疆电力有限公司正式启动和静示范区建设。完成示范县265台FTU三遥升级，配电自动化覆盖率达到100%；完成24条线路馈线自动化建设，馈线自动化覆盖率达到47%；完成636台故障指示器、14台外施信号源安装及接入、56条线路接地故障精准定位建设，覆盖率达到100%；完成310台台区智能融合终端的安装、调试，实现营配就地交互覆盖率95%；完成6个智能台区的改造建设，一键顺控、低压可靠性分析、电能质量综合治理装置交互、光伏并网管理、不平衡自动调节、低压互联自愈等；完成配电自动化主站开发部署保护定值远程管理、配电网运行方式智能辅助决策、配电自动化终端自适应联调、电缆监测预警、台区监测预警、三遥终端自动晨操等实用化应用。

4. 实施成效

1）实现配电网工单驱动，助力数字化班组建设构建"配电网故障自愈、设备全景监测、业务工单驱动、作业数字转型"的新模式，通过融合终端，实现中低压配电网故障处置，设备监测，可靠性分析和线损管理等业务的智能管控，配电网"看得清、管得住"，解决数据人工录入、多系统调用的难题，压缩运维人员的工作量，显著提升故障抢修效率和供电可靠性，为配电网班组数字化转型提供强劲动力。

2）实现配电网全链路感知，助力营商环境再优化

基于新型台区智能融合终端，融合配变监测、总表计量、集中器抄表业务，打造"终端唯一、技术统一"的台区营配专业共建新模式，消除多头取数痼疾，降低投资成本。将融合终端作为台区侧"资源业务中台"，运检、营销数据资源一元汇集、全景感知、共用共享，构建供电所"专业融合、业务交融"的配电网专业生态圈，全面提升客户服务水平。

3）实现台区"能源自治"，助力配电网低碳转型

充分发挥低压配电网上承中压、下启用户的"连心桥"作用，开展源网荷储可调负荷的台区级高效聚合、协同控制，实现台区内能源自治管控；依托柔直互联系统多元互动，有序控制能源流向，实现台区间能量高效互济；通过低压配电网的灵活性，有力支撑配电网的高弹性，全面提升清洁能源消纳能力，助力"碳达峰、碳中和"。

5.1.2 浙江台州配电网一二次深度融合柱上断路器应用

1. 背景描述

国网浙江省电力有限公司2020年为全面建设智能配电网，推进配电自动化建设，提升配电网精益化管理水平，在台州市玉环县进行一二次深度融合智能开关加装，计划安装220台。项目采用山东电工电气集团新能科技有限公司一二次深度融合柱上断路器设备，提高供电可靠性、供电质量与服务水平和配电自动化覆盖率。

2. 技术内容

项目采用的智能开关设备具备以下技术优点：

1）小型化

通过结构、电气的优化设计实现固封极柱、壳体等零部件的小型化设计。

2）深度融合

内置一体化浇筑的高精度电子式电压传感器、电流传感器，以及电容取电装置，取代传统的电磁式PT，实现取电、电压电流采样一体化设计。

3）低功耗

采用低功耗电流传感器线圈、低功耗智能终端，实现低功耗运行。

4）智能化

成套柱上断路器可实现相电压、相电流与零序电压电流信号的实时感知，满足线路短路故障、小电流接地故障的识别与快速隔离。

5）多级级差保护

具备电压时间型FA模式，搭配开关重合闸功能，可避免线路开关全部跳闸，实现短路故障、单相接地故障的就地选线、区段定位与故障隔离。通过级差模式实现自动隔离出最小故障区域，非故障区域则无须重合闸停电。

3. 推广部署情况

从整体运行情况来看，一二次深度融合智能开关正常运行，通过选线与故障定位，将故障点隔离在最小范围内，进一步保障了供电可靠性。项目现场应用图如图5-9所示。

图5-9　项目现场应用图

5.1.3　福建惠安配电网一二次深度融合智能开关的应用

1. 背景描述

为提升配电网装备水平，提高供电可靠性及快速抢修复电能力，2020年末福建惠安公司与上海宏力达公司组建成立一次、二次攻关小组，探索故障快速准确定位、开关状态可视可控、开关就地重合闸、开关保护选择性跳闸、接地故障主动隔离、定值区随潮流方向自动切换（自适应）等，逐步发现架空线路配电自动化建设与改造的有效模式，实现线损的精确管理、故障点的精准快速隔离、非故障区域自愈恢复供电，提升配电网运营水平及供电可靠性。

2. 技术内容

一二次深度融合智能开关是集超低功耗、深度融合、快速分闸及准确研判为一体的新型智能开关，实现智能开关全监测全感知，以及边缘计算与执行的应用。主要技术特点如下：

1）深度融合

将灭弧室、电压电流传感器、高压电容取电装置等一体固封在极柱内。

2）超低功耗

整机功耗小于1.2W，颠覆传统FTU30W的整机功耗，运行更可靠。

3）快速分闸

采用成套断路器小于35ms的快速保护分闸技术，满足线路多级差需求。

4）合闸速断

具备合闸速断功能，实现故障区域快速隔离，非故障区域自愈恢复供电，把故障隔离在最小区域，提高供电可靠性。

5）联动机构

机箱内置联动机构，可实现远方/就地工作方式的联动切换，保障操作安全。

6）智能接地研判算法

深度学习的接地研判算法，无须人工进行整定值计算和定期校验，能自适应不同中性点接地方式、不同接地电阻，做到快速智能研判及就地隔离，研判准确度更高。

7）安全便捷

无外置PT，减小雷击过压风险，更安全；设备安装更便捷，工厂化调试更轻松。

3. 推广部署情况

设备可以安装在主干线分段、联络，一级大分支首段、分支分段，次级及以下分支，用户分界，有小水电/光伏等分布式电源接入线路的任意位置。该项目投入运行至今，运行效果优异，其中，接地告警72次，动作准确率100%；短路故障44次，动作准确率100%；接地隔离3次，动作准确率100%。目前设备运行情况良好，研判准确率极高，受到管理人员及运维人员的高度好评。

通过本方案的实施，平均故障感知时间等大幅度缩短，人员外出显著减少，实现了故障处置从被动到主动、从集中到就地、从人工到智能的蜕变，提高了供电可靠性和电能质量，增强了供电企业与用户之间的满意度，促进线损管理及节能治理等产业快速发展，推动一二次融合开关技术进步和相关产业发展。项目现场应用图如图5-10所示。

图5-10 项目现场应用图

5.1.4 一二次深度融合配电网磁控开关与5G通信、多级保护的应用

1.背景描述

在构建以新能源为主体的新型电力系统和全力推动实现"双碳"目标的伟大征程中，国家能源局、国家电网、南方电网纷纷发文对配电设备提出更高要求。例如，国家能源局提出"实现配电网装备水平升级，提升设备本体智能化水平，采用先进物联网和现代传感技术，提高在线监测与预警能力"；国家电网提出"提高设备档次水平，优选可靠性高、技术成熟的设备"；南方电网提出"构建数字配电网，提升设备状态监测能力与智能化水平"。

配电网设备从早期的一二次配套、一二次成套，到一二次融合、深度一二次融合，以及物联网化的发展历程，充分体现了在科技、制造水平高速发展的今天，电力系统配电网对于高可靠、高度智能设备的应用需求，面向配电网数字化转型发展需求，进一步提升电网供电质量与缩短停电时间，以及物联网技术、云边协同技术的应用，催生了新一代配电开关及技术。普通一二次融合配电网开关在操作机构、分合闸时间方面需要进一步提升，以配合和适应更快速、可靠的通信网络，以及新的配电网馈线自动化故障处理策略对于开关分合闸时间的要求，珠海许继电气有限公司基于磁控技术的一二次深度融合配电网磁控开关应运而生，如图5-11所示。

图5-11 一二次深度融合配电网磁控开关

2.技术内容

1）操作机构的重大变革

操作机构是配电网开关设备行使功能的关键部件，配电网设备通常使用的弹簧操作机构具有结构复杂，零部件繁多，可靠性、稳定性差的普遍问题。磁控开关采用半硬磁记忆合金材料制成的磁控机构，进行了革命性简化设计，大大减少了机构的零部件数量，开关组件数量只有常规开关的30%，可稳定操作大于3万次，寿命可达常规开关的3倍。同时，磁控机构超低功耗，分闸电流小于1A，后备电源一体化内置于配电终端，减小了终端的体积和质量。

2）颠覆性的分闸时间

传统配电网开关采用弹簧机构，固有分闸时间为50ms左右，从时间上严重制约了配电网级差保护和馈线自动化故障处理。在配电网通信方面也限制了通信方式的选择匹

配。磁控开关应用新型磁性材料、可靠的直线运动操作机构，保障开关分闸时间在10ms以内，分合闸时间分散性小于1ms，在变电站0.3s延时下支持全线四级级差保护，为开关快速断开故障点提供了可靠保障。

3）物联网数字化加速深度融合

除磁控机构带来的体积小、质量轻、功耗低、分闸快、可靠性高等颠覆性优势外，磁控开关是深度应用物联网化、数字化的全新开关，配置小微电压、电流传感单元，温度、局放监测单元，分合闸监测单元等智能化器件，可支持国网与南网各类型FA模式，实现设备状态的智能评估与主动预警。

3. 推广部署情况

1）全线速动多级保护

传统模式下，配电线路受变电站出线断路器保护延时限制，其上可装设的带保护功能的断路器开关数量有限，通常只能安装一到两台，无法与变电站内开关形成时间级差配合。故障发生时存在电源侧越级跳闸或站内开关跳闸全线停电情况，影响供电可靠性的提升。应用磁控开关，在变电站延时300ms，以75ms一级级差，实现馈线首段、主干线分段、大分支首段、用户分界四级级差配合，彻底解决了线路开关时间级差配合、长线路自动化建设等问题，如图5-12所示。

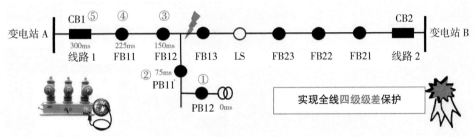

变电站延时300ms，以75ms一级级差，实现馈线首段、主干线分段、大分支首段、用户分界四级级差。

图5-12　基于磁控开关的配电线路四级级差保护

2）与5G通信配合补充光纤建设的不足

一直以来，配电通信网络建设是保障配电网故障处理和供电可靠性的重要基础设施。传统弹簧机构的开关由于分合闸时间长，限制了配电通信网络的选择，在进行故障处理时必须将开关分闸时间和通信时延一并考虑，限制了通信方式的灵活选择。因此，对于用电要求非常高的城市配电网，多采用光纤通信、智能分布式故障自愈策略。磁控开关的快速分闸特性使得应用无线通信方式实现故障快速处理成为可能，通过多级级差或智能分布等模式配以5G通信，可充分利用5G网络具有的增强型移动带宽、低时延、大规模通信三大特征，实现可靠供电，正好弥补了光纤通信建设周期长、拓展灵活度低、运维成本高的不足。

3）基于一二次融合磁控开关的典型应用

目前国内配电自动化行业一些领先厂家已经实现了一二次融合磁控开关相关技术的

产品转化，其产品已通过试验在网运行。

（1）2020年8月16日，国网重庆市南供电公司在东港变电站10kV港迎线安装投运4台磁控速动型柱上断路器成套设备，该线路具备全线四级级差保护，可灵活应用多种馈线自动化模式，实现故障快速处理，是国内首条应用磁控技术设备的线路。重庆10kV港迎线现场安装磁控开关如图5-13所示。

建设线路实现了"故障处理本地化、设备选型轻量化、供电保障最大化"的目标，尤其解决了重庆山地多、设备运输和施工安装困难，故障处置及运维压力大的问题，切实提升配电网故障防御能力，持续提高客户服务满意度。

（2）2021年4月28日，国网新疆塔城供电公司10kV黎南线、塔园线完成自动化建设投运送电，标志着塔城供电公司加速配电网升级转型，开启配电网自动化崭新篇章。自投运以来，已正确判断隔离两起短路故障，快速自动转供复电。试点线路是国内首条集成应用磁控开关、5G通信、速动型FA、北斗定位的自动化线路，有多项创新技术应用。图5-14所示为塔城10kV黎南线现场安装磁控开关。

图5-13　重庆10kV港迎线现场安装磁控开关　　　图5-14　塔城10kV黎南线现场安装磁控开关

同年8月16日，在10kV塔园线5号杆至30号杆之间发生短路故障，智能分布策略迅速判断，故障区段两端5号杆和30号杆上的磁控开关快速分闸，完成故障隔离。与此同时，对侧联络开关合闸转供送电。以往故障查找、隔离和转供时间较长，售电损失较大，此次通过5G通信和磁控开关实现线路"自我感知、自我诊断、自我决策、自我恢复"。馈线上发生故障后，不依赖主站系统，相邻配电终端快速通信，完成故障处理并进行信息上报，大幅度减少了非故障区域的非必要停电时间，并快速定位辅助线路抢修。

4. 实施成效

一二次融合磁控开关是对配电网开关设备的颠覆性创新和重构性设计，也是对配电网开关设备设计制造的一大飞跃。其在质量、体积、分合闸时间、可靠性、智能化程度方面相对传统开关有着显著的提升。磁控开关的设计和应用开拓了配电网故障处理的多种模式，通过提升开关本身的分闸时间以技术向应用要红利，推动了配电网故障处理模式的优化，放松了故障处理模式对于配电网通信的时间要求，使多级级差保护、5G通信在配电网应用中更为普遍。随着市场、技术的选择与生产制造的规模化，磁控技术将更加成熟，磁控开关的市场应用和价值挖掘将更加充分。

5.2 配电物联网技术应用场景

5.2.1 基于云编排技术的汉中审计局家属院智慧配电台区

1. 背景描述

国网陕西省电力公司积极响应总部号召，依托多年来在"云大物移智链"等现代信息技术中的研究和应用，与先进能源电力技术融合发展，积累了大量成果，有效推进系统运行管理数字化、自动化和智能化，推动能源转型与信息技术的深度融合。以"保安全、夯基础、强服务、上台阶"为指导方针，进一步凝聚行业力量，激发创新活力，打通创新链条，探索新的业务创新模式。在汉中供电局选取试点区域，开展基于台区智能终端的新业务功能示范建设，验证营配融合关键技术，探索配电网运检、用户服务新模式。

2. 技术内容

1）技术路线

基于智慧物联体系架构，实现数据全采集、状态全感知，实现设备的全景监控、多业务功能承载、多源异构数据融合、端到端安全防护、设备快速接入、智能巡检，以及预测性维护等。

基于华为云对配电自动化主站进行云化改造，构建物联网接入平台，满足大容量、高并发数据采集与处理要求，实现海量物联网终端的有效接入。基于大数据分析与人工智能，深度融合多专业、多业务数据，实现配电网运行状态全面感知、数据融合及智能应用。采用微服务架构设计，实现配电网应用需求的灵活、快速迭代扩展。

基于宽带载波IP化和微功率无线通信，组建低压台区"零接线"网络层，统一通信接口和交互模型，成功解决低压智能设备类型与数量多、安装位置分散、布线困难和施工停电等问题。验证物联网通信协议CoAP和MQTT的应用场景和适用性，边与端实现低延时状态采集和实时控制，边与云实现面向"主题"发布和订阅的数据共享和交互。

依托台区智能终端的边缘计算能力，研究开发就地智能决策分析算法及App应用，实现就地化故障告警、线损计算、可靠性分析、风险预警等典型应用；通过拓扑感知技术，实现低压配电网变、线、户关系的准确识别，建立实时完整配电网拓扑关系，为电网提供准确的拓扑数据支撑；建立云-边高效协同机制，实现关键数据实时交互、全量数据定期备份，有效避免海量终端设备接入对云化主站带来的数据压力、带宽限制和计算性能不足等问题。

开展中压线路关键节点、低压配电台区设备物联网接入改造，探索在线局放、智能仪表、一体化智能开关等先进技术与物联网终端的深度融合,监测覆盖低压配电网各级各类电气量、状态量、环境量,全面感知台区运行状态,为边缘计算及高级应用提供数据支撑。

依托华为云编排技术,突破跨硬件平台的约束,增强物联App的可移植性,降低开发难度,缩短开发周期,简化运维管理,围绕设计开发、检测分发、管控运维等方面,探索构建了云编排App柔性开发平台,实现物联App的可视编排(低代码/无代码)开发、便捷运维、简易管控,从而支撑边缘物联设备规模化部署。通过节点组件自研(CoAP、Modbus、MQTT等)、流程App自编排(低压设备通用采集,可开放容量,终端运行状态监测,高、低压告警,漏电流监测告警等流程),打破传统C/C++程序编写、部署和维护,实现低代码开发,维护方便,通过云平台直接下发到终端进行更新,如图5-15、图5-16、图5-17和图5-18所示。

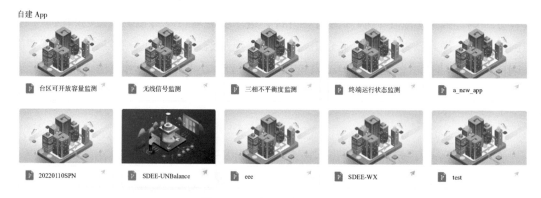

图5-15　现有云编排App列表

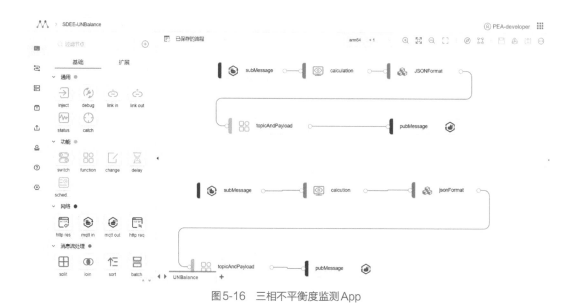

图5-16　三相不平衡度监测App

图5-17 流程发布

图5-18 流程下发到融合终端

2）改造明细

增加外挂箱，将塑壳开关更换为智能塑壳开关，如图5-19所示。

图5-19 更换为智能塑壳开关

将表箱开关更换为智能微断，更换电表或电表通信模块，如图5-20所示。

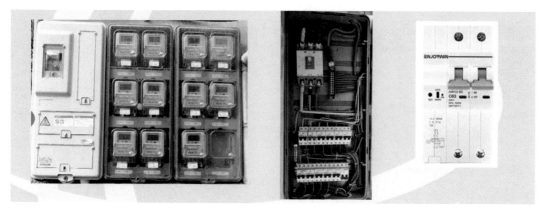

图5-20　更换为智能微断

3. 推广部署情况

通过此次改造开发了国网首台基于云编排 App 开发技术、营配源端同步感知的台区智能融合终端，实现了柔性开发平台与国网应用商店、省级物管平台、台区智能融合终端的全流程贯通，为电网技术改革、智能创新贡献力量。

5.2.2　雄安新区王家寨数字化精品台区试点项目

1. 背景描述

雄安新区以"绿色引领、安全第一、国际一流、智慧共享"为原则，致力于打造国际一流绿色智慧电网。王家寨村作为雄安新区综合能源微电网示范工程试点，计划以数字化主动配电网为核心，构建源储互济、网荷互动，从能源网架、信息支撑、价值创造三个层面，打造岛屿级综合能源微电网示范工程。

为打造雄安特色配电物联网工程，引领并推进物联网新技术在配电网中的快速落地应用，结合当前行业各类新理念、新产品、新技术，高标准制定王家寨配电物联网工程营配融合建设方案，深挖智能电能表非计量功能应用，以支持基层提质增效、降损反窃、业务模式创新、服务水平提升为目标，打造一批运行稳定、技术先进、管理精益、服务优质的数字化台区，为数字化主动配电网建设提供技术支撑，将王家寨部分配变台区打造为智慧精品台区。

2. 技术内容

1）总体架构

以智慧物联体系架构为基础，融合营销、配电专业多业务需求，提出采用基于配电物联网架构的配电台区营配融合解决方案，整体架构图如图5-21所示。

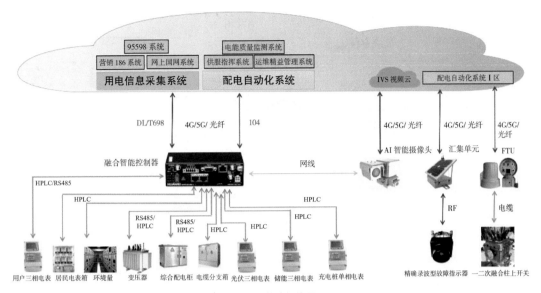

图 5-21　整体架构图

感知层低压侧包含物联网电表、智能低压设备、电气及环境状态量传感器。三相、单相电表采用 DL/T698 通信规约，基于 HPLC 与融合智能控制器通信，环境量、变压器、智能低压开关等通过 HPLC 与融合智能控制器通信。AI 智能摄像头可以基于 HPLC 交互，同时也与视频管理平台交互。

网络层低压侧对下采用国网标准版 HPLC，实现电表与融合智能控制器之间的通信，基于 HPLC 实现各级开关、传感设备与融合智能控制器之间的通信，也可采用 DL/T698 通信规约通信。对上采用 4G、5G 或光纤与主站进行通信。采用 DL/T698 通信规约，将开关数据、电表数据发送到用电信息采集系统。

平台层包含用电信息采集系统及配电自动化系统，支持后续业务系统应用。用电信息采集系统与营销 186 系统、网上国网系统、95598 系统相连接，配电自动化系统与供服指挥系统、运维精益管理系统、电能质量监测系统相连接，分别支撑营销和配电系统。

2）设备建设

王家寨项目含有一条 10kV 线路及 10 个配电台区，以"设备状态全感知"为目标，通过在 10kV 线路、配电变压器、综合配电柜、分支箱、智能电表箱等位置安装智能化设备，对线路状态和环境信息实现全监测，如图 5-22 所示。

精品 1 台区包含 2 路出线、7 个分支箱和 28 个电表箱。分支箱按照 1 进 4 出设计，电表箱按照 6 表位设计，如图 5-23 所示。

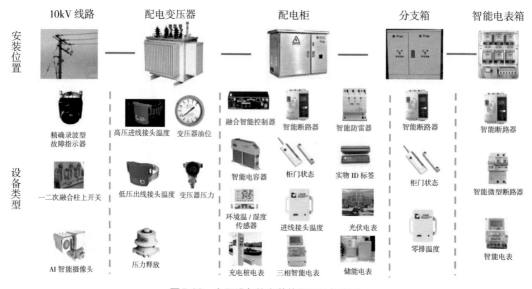

图5-22 台区设备的安装位置和设备类型

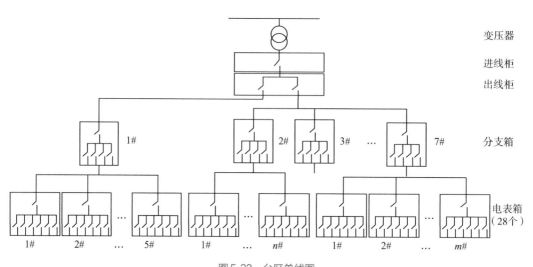

图5-23 台区单线图

　　配电变压器采用植物油变压器、植物油地埋变压器，来减小对环境的污染。在高压进线、低压出线接头上安装无线温度传感器，检测变压器接头温度；加装压力传感器、油位传感器、压力阀监控器，监测变压器本体状态。

　　增加AI智能摄像头，对台区线路、设备、周围环境等实现全方位监控，识别并处理各类典型故障；加装人工鸟架，减少鸟类停靠在电气设备上的机会，同时为其提供更好的栖息地。

　　配电柜中安装融合智能控制器，采集台区低压设备数据；在柜体进线接头处安装无线测温传感器，监测接头温度；安装具备物联网通信能力的智能断路器，监测线路电流、电压、有功功率、无功功率等电气参数，以及接头温度的状态参数；获取智能电容器数据信息，监测台区总体电能质量情况；加装智能防雷器，实时监测防雷器的工作状态，避免因为失效导致设备损坏；接入电船充电桩，光伏、储能装置，空气源热泵，实现新能源有序管理；安装柜体门磁开关、环境温/湿度传感器、水浸传感器获取环境信息；通过融合智能控制器采集三相、单相物联网电表，实现营配数据融合。

分支箱加装智能断路器采集电气量信息，使其具备线损、停电等故障的分析基础；在零排上增加无线测温传感器，监测铜排温度变化；柜门处增加门磁开关，监测门的开合状态及时间。

户表箱更换为智能电表箱，增加智能锁具监控户表箱开合状态；将进线开关换成智能断路器，监控整个户表箱的总进线信息；将表后开关更换为智能微型断路器，监测用户漏电信息，起到漏电保护的作用。

开发数字台区经理，实时掌控台区内设备运行状态，如图5-24、图5-25、图5-26和图5-27所示。

图5-24 故障工单列表

图5-25 台区变压器人物非法入侵告警图片

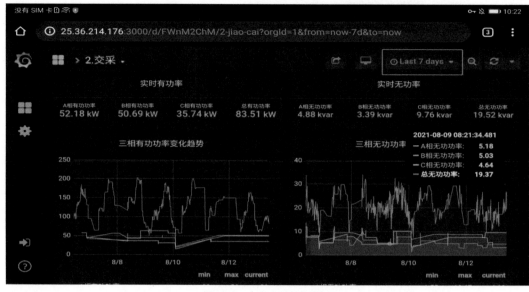

图5-26 台区交采数据展示

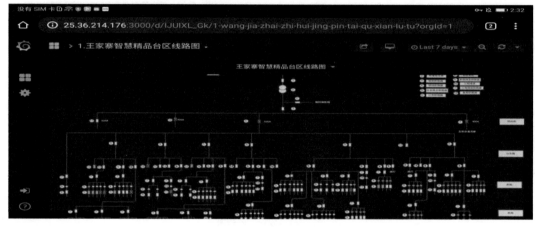

图5-27 台区拓扑展示

3. 推广部署情况

本次工程实施后，配变容量满足王家寨村各个子微电网储能设备的接入需求及相应区域内煤改电后负荷增长需求，且符合生态景观建设理念，支撑雄安新区"智能化设备+双花瓣网架"新型智能配电网建设，对台区电气量、状态量和环境量进行全面感知。针对新型智能配电网开展设备状态评价、运行风险预测，开启"数字化"主动运维新模式，从网架、设备、自动化、运维四个方面全方位打造高可靠配电网示范区。

5.2.3 河北正定塔元庄智慧配电房项目

1. 背景描述

随着塔元庄的高速发展，落后的能源输配电也随之暴露，10kV供电电源为单电源，三相不平衡问题严重，设备的智能化程度低，数据、业务、应用缺乏共享融合，这些因素严重影响着村庄的发展。为提高村庄用电侧的高质量保障，多能源均衡发展，提出配用电整体改造方案。

2. 技术内容

本次改造升级主要以4条10kV输电线路及村委会配电室智能化改造为基础，以泛在电力物联网框架下的配电物联网技术架构为框架，以一二次融合设备、智能配变终端、物联网通信单元等为核心，充分发挥边缘计算分布式、高效率的优势，融合高速电力线载波、微功率无线、5G无线等先进通信技术，遵循配电物联网"云、管、边、端"架构，以智能配变终端为核心，应用智能型环保/节能变压器、电能质量治理装置、物联网智能通信单元等设备，实现线路、设备、环境安防等的状态全景感知，低压设备（含传感器）的物联网化，以灵活、高效的软件定义方式，支撑低压配电的即插即用、故障研判、状态检修和有序用电等多场景业务需求。

1）总体架构

基于配电物联网架构，应用智能配变终端、物联网通信单元、智能开关柜等关键设备，感知线路、设备、环境安防等全景状态实现中低压设备全物联网化。台区整体架构图如图5-28所示。

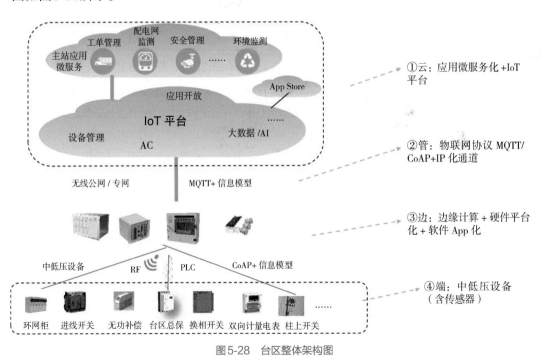

图5-28 台区整体架构图

（1）"端"：中低压设备全覆盖，状态全采集，环境全监控。台区设备和所在线路位置图如图5-29所示。

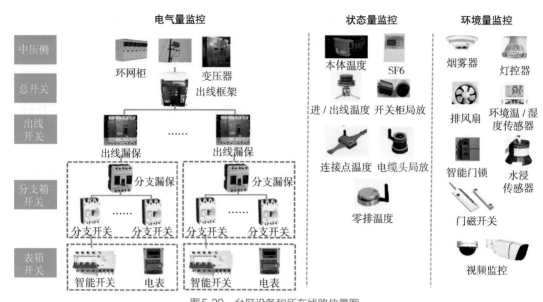

电气量监控　　　　　　　状态量监控　　　环境量监控

图5-29　台区设备和所在线路位置图

（2）"边"：边缘计算、就地决策、区域自治。

① 核心设备：智能配变终端、智能馈线终端、智能站所终端、故障指示器。

② 关键功能：对测控保护装置、多功能表等设备实施数据全采集、全管控，与主站实时交互运行数据。

③ 业务应用：本地化实现配电台区的运行状态在线监测、智能分析与决策控制。

（3）"管"：高速可靠、便捷高效、优势互补。

① IP化HPLC型低压电力线载波：有效利用塔元庄已铺设完毕的电力线，采用IP化电力线载波通信技术。

② 微功率无线：针对项目中测量点多、布线困难、设备体积受限，采用微功率无线方式，实现设备便捷化接入。

③ 5G通信：探索利用5G通信高速度、低时延优势，实现边云间的高效、可靠通信。

（4）"云"：业务弹性扩展，软件快速迭代，硬件资源共享。

① 主站应用微服务化：功能独立，开发周期短，业务更新速度快，扩展能力强。

② 数据管理平台化：物联网IoT平台采用标准化数据结构，灵活管控海量数据，支持数据跨系统共享。数据管理共享架构图如图5-30所示。

2）改造明细

（1）10kV外线方案

577线路新加一二次融合柱上开关9台，581线路加装4台，583线路加装3台。

现场主分支关键节点设置暂态路波型故障指示器12台。

线路加装环网柜1台，改造环网柜2台。

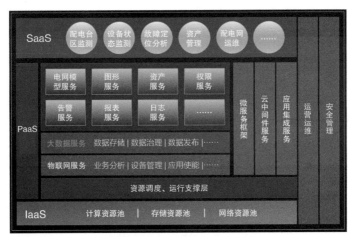

图5-30 数据管理共享架构图

（2）配电室中低压建设方案

10kV ABB智能柜式气体绝缘开关柜8台，具备局放自检、一键顺控等功能。

1600kV·A节能环保型干式变压器2台，加装2台智能温控器和7台无线测温传感器。

380V ABB MNS全封闭抽屉式低压开关柜10台。

（3）低压供电线路建设

4栋楼分支箱开关更换为智能塑壳断路器。

1170户电表HPLC模块更换为IP化HPLC载波模块。

1170户表后开关更换为智能微断，如图5-31所示。

图5-31 表后开关更换智能微断

（4）低压供电线路建设

对低压设备进行物联网化改造，针对智能塑壳断路器、智能微断，加装低压物联网通信单元，实现数据采集和上报。智能电表采用宽带载波模块进行数据上报。设备和通信模块图如图5-32所示。

图 5-32　设备和通信模块图

3. 推广部署情况

通过此次升级改造，打破了营配贯通深度融合瓶颈：省去集中器，基于智能配变终端，分配用采专用容器，升级智能电表，实现电表物联网化、集中器 App 化。实现中低压设备全物联网化：差异化制定覆盖中低压设备的配电物联网实体架构，智慧配电室外安装显示屏幕，播放显示物业服务、业主互动、生活资讯等，小区车位旁安装电动汽车充电桩，为居民汽车充电提供便捷服务，配电室外布置休息区，休息区安装光伏伞遮阳，提供手机充电接口，供居民休闲使用。

此次改造以创新突破为手段，以指标提升为目的，以数字化、网络化、智能化为低压台区赋能、赋值、赋智，着力提升配电网绿色安全、泛在互联、高效互动、节能环保和智能开放能力，助力塔元庄"半城郊型经济"发展，让配电网更"智能"、让能源更"绿色"、让用能更"美好"。

5.2.4　济南东城逸家物联网配电室

1. 背景描述

从 2019 年开始，国网山东电力公司组织华为、山东电工、许继等十余家厂商的技术人员联合攻关，以济南和青岛的两个配电室为突破点，迅速开展配电物联网新技术研发、智能设备研制和试点应用。目前，东城逸家小区配电室已经投运两年，既要完成物联网化改造，又必须保障客户用电。

2. 技术内容

基于智慧物联体系架构，以台区智能融合终端为核心，围绕设备状态全感知，采用高度集成化智能设备，综合支持采用 HPLC、微功率无线、光纤等通信技术，MQTT、CoAP 等物联网通信协议，支持台区营配设备信息数字化全采集，结合数据分析实现风险预警与故障研判、分布式电源并网智能管控与状态监测，基础配置+扩展功能系统方案遵循智慧物联体系总体架构，通过物联管理平台和边缘物联代理平台及设备，对低压能源互联网各参与要素进行综合协调管控和数据挖掘应用。远程通信支持光纤、无线公网/专网等通信方式将数据分别上送配电自动化系统、用采系统和统一物联管理平台或本地能源管理系统。本地通信支持HPLC、RS-485、微功率无线等多种通信方式与末端感知单元进行数据交互。通过对配电台区智能化开关、智能电表、智能传感设备等的数据采集和状态监控，可实现对光伏逆变器功率限制、启停等参数的控制，对充电桩输出功率的控制和对储能变流器启停、功率因数等参数的控制。台区系统结构图如图5-33所示。

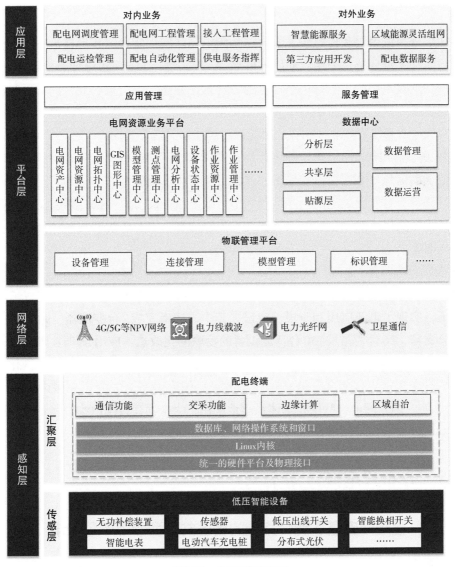

图5-33 台区系统结构图

1）应用层

基于业务中台和数据中台统一服务，在统一数据模型、技术标准和框架下，实现应用服务化，提供多种面向业务需求的微服务，满足需求快速响应、应用弹性扩展等要求。

2）平台层

平台层包括一体化国网云平台、企业中台和物联管理平台，各环节以微服务方式发布，支持自数据源从采集到应用的业务支撑，同时支撑自顶向下的各环节服务接口调用。

3）网络层

网络层由无线网、电力光纤网和相关网络设备组成，为平台层及感知层数据提供高可靠、高安全、高带宽的传输通道。由于本项目对可靠性要求高，同时涵盖实时控制需求，计划全部采用全有线方案。

4）感知层

感知层分为汇聚层和传感层。汇聚层是配电物联网中实现"数据自组织，业务自协同"的载体和关键环节，采用"通用硬件平台+网络操作系统+边缘计算框架+App业务应用软件"的技术架构，融合网络、采集、计算、存储、应用核心能力，对下与传感层进行数据交换，对上与平台层实时全双工交互关键运行数据，发挥云计算和边缘计算的专长，实现电力系统生产业务和客户服务应用功能的灵活部署。

传感层是配电物联网架构中的执行层，实现配电网的运行状态、设备状态、环境状态及其他辅助信息等基础数据的采集，并执行决策命令或就地控制，同时完成与电力客户的友好互动，有效满足电网生产活动和电力客户服务需求。根据传感层设备的存在形态，可分为智能化一次设备、二次装置类、传感器类，以及运维和视频等其他类型，实现差异化部署。

3. 推广部署情况

在济南、青岛两地配电室的建设过程中，国网山东电力公司开创性地完成了近百项技术验证，实现了创新应用和阶段性突破。其中，济南完成2台变压器、9台低压柜、6台低压分支箱、26台表箱及150台智能设备的物联网化改造，应用28项技术成果；青岛完成11台高压柜、4台变压器、18台低压柜、68台表箱及82台智能设备的物联网化改造，应用端层设备27类383个，应用34项技术成果。国网山东电力公司在国内首次实现了"云、管、边、端"配电物联网技术体系落地应用，为全面建设配电物联网示范区积累了宝贵经验。

▌**5.3** 分布式电源应用案例

5.3.1 福建南安基于融合终端的台区共享型储能示范应用

1. 背景描述

在能源短缺和环境保护的双重压力下，国家制定了一系列清洁能源扶持政策，分布式光伏作为清洁能源的代表，在福建南安呈现出"点多面广"的高速发展态势。随着大规模分布式光伏接入低压配变台区，以及煤改电、终端电气化在台区内的推广应用，台区已成为实现"双碳"目标的重要场景，但配变台区处于电网末端，属于薄弱环节，现有配置及管控手段不足以支撑目标的实现，亟须为配变台区进行赋能，解决如何提升分布式光伏消纳能力，以及如何实现对无序接入的分布式光伏实施有序管控的问题。福建电力公司开展基于融合终端的台区共享型储能系统建设，采用台区独立配置储能，组建台区储能联盟，可实现各台区储能共享，促进储能资源高效应用，独立配置的储能采用小型化建设，可直接安装于台架，可有效控制安全风险，提高系统综合效益。构建"以边为主，云、边、端"协同的台区共享型储能系统示范，实现台区"可观、可测、可控、可调"及分布式光伏的柔性控制。依托储能技术，构建台区共享型储能系统，实现台区"源、网、荷、储"友好互动的能源系统，解决高渗透分布式光伏的友好消纳。

2. 技术内容

基于新一代配电网物联体系框架，依托智能融合终端的边缘计算能力，构建"以边为主，云、边、端"协同的智能台区，实现台区分布式光伏有序接入、物联感知和柔性控制，实现台区"自治"，形成具有福建特色的分布式光伏并网接入建设模式。

基于融合终端的共享储能系统协调控制技术，在4个台区分别配置一套自主研发的50kW/50kW·h共享储能单元，每个共享储能单元的交流侧通过PCS储能变流器连接到对应综合配电箱JP柜的出线开关，直流侧通过DC/DC直流变换器连接50kW·h的电池，再通过直流电缆手拉手与另一个台区直流端连接，构成台区储能的直流联络，实现能量的跨台区转移。在互联的4个台区各安装1个智能融合终端，作为台区储能、光伏、物联开关等台区资源共享的通信单元与监测采集终端。融合终端布置在各台区变压器出口侧的总开上端，通过自身交流采集获取台区电压、电流、功率等电气量测数据。采用主从控制、对等部署的架构，自主开发功率均衡控制算法、分相独立控制算法、直流下垂自适应控制算法、SOC动态管理算法等复合控制算法，解决台区分布式光伏高效消纳、电能质量治理等问题，为高渗透分布式光伏高效、灵活消纳提供典范。

低压台区状态全景感知及台区资源"自治"技术，基于台区智能化改造，实现了低压台区智能开关覆盖。在融合终端内部署营配本地交互、低压智能开关监测控制、可开放式容量分析、低压拓扑自动生成校验等高级App，实现低压台区状态实时感知，停电故障精准研判和主动抢修、网格化管理、低压表前各级开关三遥、低压电气拓扑自动建模等业务应用场景。

分布式光伏灵活节点电压控制，基于"融合终端+物联开关+光伏逆变器"的信息通道建设，开发了基于物联开关的协议适配功能，实现了边-端层设备灵活互动。在融合终端内部署分布式光伏并网点电压控制算法，实时采集并网点电压及光伏功率，通过融合终端的边缘计算智能预测光伏并网点电压越限情况，柔性控制光伏运行状态与运行模式，解决高比例分布式光伏接入配电网末端带来的电压越限问题。台区共享型储能系统建设方案示意图如图5-34所示。

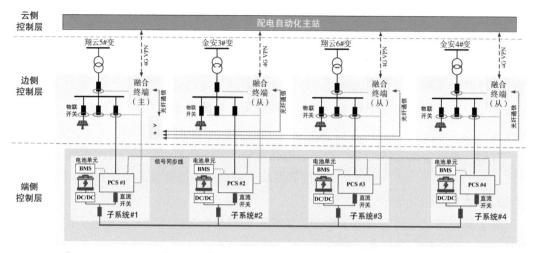

图5-34　台区共享型储能系统建设方案示意图

3. 推广部署情况

2022年6月，基于融合终端的台区共享型储能示范应用在福建泉州南安翔云镇的金安3#、金安4#、翔云5#与翔云6#四个台区正式投运，经过相关技术人员现场配合完成调试，系统工作正常。台区运行数据与共享储能系统运行工况数据均通过融合终端的5G网络上送至国网福建配电自动化主站系统。共享储能系统应用现场如图5-35所示。

图5-35　共享储能系统应用现场

本示范工程构建了国内首个多台区电池单元互联共享型储能系统示范。

一是基于融合终端的台区功率互联互济策略可实现光伏功率就地消纳，基于各台区当前负载率可实现光伏倒送台区转移功率至负载率较高台区，四个台区负载率趋于均衡值，且无法消纳部分的光伏功率储存于共享储能系统，实现光伏就地消纳及多台区功率互济。

二是基于融合终端部署的三相不平衡治理功能，结合台区实时负载率及三相不平衡度，共享储能可实现分相功率补偿，有效降低三相不平衡治理。

三是基于"融合终端+物联开关+光伏逆变器"信息通道建设实时掌控分布式光伏发电运行状态，利用物联技术对分布式光伏实现柔性出力智能控制，通过四台区复用储能电池，解决山区分布式光伏消纳、电能质量问题，以及重要用户短时应急供电。

5.3.2 宣城宁国市零碳智慧能源助力乡村振兴电力示范工程

1. 背景描述

宁国供电公司持续推进一流现代化配电网建设，以示范区建设为契机，选取龙阁村作为八个试点之一，开展"美丽乡村，电力先行"示范区建设。建设过程深度融入风、光、水、电等绿色清洁能源替代及新科技新技术的应用，合力打造长三角清洁能源示范区、低碳排放示范区、生态绿色发展的后花园，全面助力乡村振兴战略实施。

同时，随着农村地区用电负荷的激增，导致电网在高峰期出现故障的频率大大增加，宁国供电公司不断提升电网供电水平及管理方式，建立坚强电网，保证供电质量，减小故障与停电发生的概率，走出一条具备推广功能的乡村配电网标准化建设之路，打造乡村电网规划建设新模式。

2. 技术内容

1）典型技术问题

常规农村电网建设过程中存在设计差异化不足，建设周期长、变化大，新型清洁能源占比低，建设过程中智能化程度不足等问题。

2）技术解决方案

（1）精准预测，超前科学规划

为确保本次示范区项目的顺利实施与落地成效，宁国供电公司首先从电网规划建设目标开始，成立了宁国供电公司乡村电网规划建设工作联络小组，小组成员积极借鉴学习国家、电力行业及国网公司最新发布的电网规划、设计和运行类技术导则及建设规范，结合宁国农村地区山区的地形环境特点，最终选定一套符合本次乡村电网规划建设的制度标准体系。该标准主要由Q/GDW 1738—2012《配电网规划设计技术导则》、Q/GDW 12-017—2016《安徽省配电网规划设计技术细则》等组成。同时，宁国供电公司同步确认了乡村振兴的建设目标量化结果，要求完成后的农村地区供电网架结构与供电服务必须满足：半径≤30km；0.4kV供电半径≤500m；户均容量≥3.0kV·A/户；10kV联络率为100%；供电可靠性：用户年平均停电时间不高于15小时（≥99.828%）；综合电压合格率≥99.30%；10kV综合线损率≤4.30%；"N-1"通过率达到100%；台区下户线规范率100%；平衡每项用户接入，避免三项不平衡；配电自动化覆盖率达到100%；变电站、充电桩、电表实现智能化建设。

（2）狠抓优质服务，促进乡村振兴，发展清洁能源

在本次示范区建设中，宁国供电公司积极推动清洁能源使用，大力推广风能、光伏、水电等清洁能源，通过智慧台区管理用能分析功能，指导用户改善用电时段和合理使用家用电器，降低损耗用电量，引导用户实现电能替代燃气等，减少碳排放。在"低碳出行"方面，建设充电桩满足景区电动汽车充电需求，减少燃油碳排放量，提升"皖南川藏线"电动车主自驾车次，增加当地旅游收入。联合当地政府积极推广电能替代技术，鼓励农户使用电制茶代替炭火制茶，降低成本的同时更加节能环保，响应"双碳"号召，每年茶季，宁国供电公司积极开展"阳光茶园行"活动，指导用户科学用电、合理用电。宁国供电公司与青龙乡政府政企协同，联点共建，将龙阁村范围内所有公用路灯全部更换为"风光"一体清洁能源路灯。依托辖区内的小水电清洁能源，助力民宿光伏等装机容量新增，充分利用光伏发电降低用电成本，使清洁能源成为龙阁村乡村生活生产的主要电力来源，打造"全电景区"，推进"乡村屋顶光伏"建设，"零碳"守护碧水蓝天。

（3）应用新技术、新设备、新管理助力电网改造

通过用电信息采集平台和智能设备安装，搭建多层感知体系，在台区配变侧安装能源控制器，在出线柜、分支线及电能表箱安装感知终端，以变压器为中心，以用电客户为末端节点，基于HPLC载波技术形成台区能源控制网络，实现台区计量、变压器监测、环境量采集、分支/表箱设备采集、居民用户用电数据采集，以及台区负荷控制及优化。多层感知体系示意图如图5-36所示。

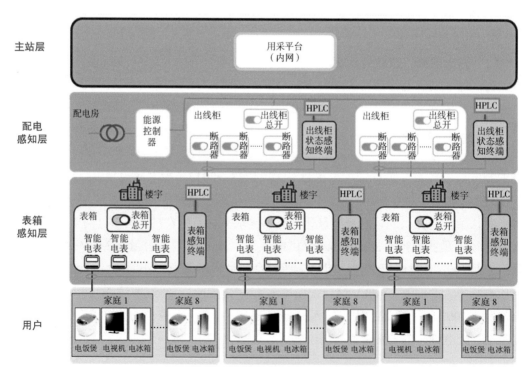

图5-36　多层感知体系示意图

通过各节点感知设备的安装及平台数据的高频采集，建立台区计量拓扑关系，自动对台区线损进行分相、分时、分支、分表箱智能分析和精益化管理，进一步在空间和时间上缩小跑冒滴漏的范围，为基层员工线损排查提供参考依据和方向指引，提升排查工作效率，全力提质增效。强化对分布式光伏及储能的有效管理，在光伏及储能安装区域部署一套边缘控制器，采用"云端监控管理、就地边缘控制"原则进行配置，内置就地能量管理系统，结合台区光伏、储能、用电负荷情况实现就地光储系统电气测控、通信管理及光伏—储能—用电负荷协同控制等功能，区域边缘控制器自动运行预设的控制策略，实现台区"源网荷储"智能柔性管理，提升台区运行可靠性和经济性。"源网荷储"智能系统图如图5-37所示。

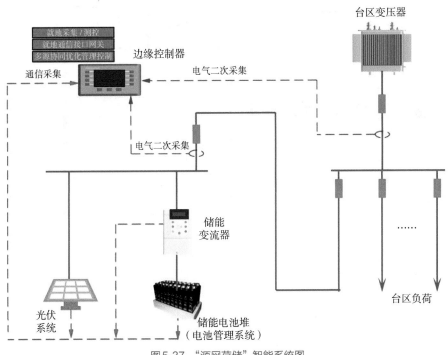

图5-37 "源网荷储"智能系统图

在电动汽车充电设施上安装能源路由器和蓝牙断路器，通过蓝牙连接控制蓝牙断路器，能源控制器与能源路由器通过HPLC方式进行数据交换，通过在本地能源平台进行数据处理和负荷分析，在负荷高峰或配变重过载时对能源控制器下发停止充电指令，该指令通过能源路由器对蓝牙断路器的远程控制，实现台区电动汽车充电设施的有序充电。智能充电桩控制系统图如图5-38所示。

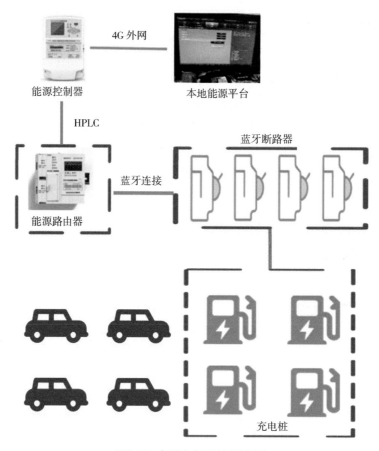

图 5-38　智能充电桩控制系统图

（4）配电智能化新技术，保证供电可靠性与质量

宁国供电公司采用与省电科院合作最新研发的台区电器隐患预警器，实现低压台区停电感知、智能充电、低压故障预警（火灾预警），实现故障初期发现问题并协助诊断。综合各类监测数据统一接口至配电网全景智慧物联平台，自动向运维人员及客户推送各类故障抢修信息，无须用户拨打抢修热线，实现主动抢修、主动服务，有效减少投诉。

宁国供电公司编制了《配电网继电保护整定运行管理流程》，明确定值优化过程中的职责分工。运维单位根据月负荷改接、智能开关变动、智能开关新装等情况，每月月底上报下月保护整定计划。规范配电网保护设备变更报送流程，以"无设备变更单不批复申请"的原则要求运维单位经OMS系统报送设备变更参数情况，如图5-39所示。

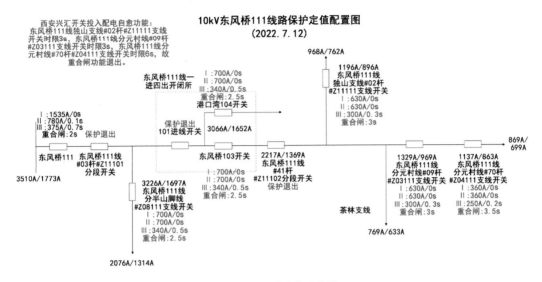

图5-39　保护优化配置图

3）项目技术创新

在配电自动化方面，宁国供电公司采用了安徽省首台10kV磁控智能开关，能够有效避免越级跳闸，提升故障判断能力，缩短抢修时间，该开关还具有功耗小、分合闸10ms以内、结构简单、故障率低、质量轻、寿命长等特点，能够实时监测相电压/相电流，零序电压/电流，实现线损测量，上传并检测数据，属于现阶段一二次融合最高配置。

宁国供电公司广泛使用"新材料"，全省率先使用分相分色固线装置、尾线保护管等，具备免绑扎节省工时、使用寿命长、便于运维等特点。推广"新工艺"，对变压器台架、配电箱内部（包括表计、TTU、互感器）、拉线、变压器引线进行工厂化预制，减少现场作业时间，提高工作效率。

数字基础设施"新建设"，从项目设计阶段开始，重点关注三相不平衡、线路迂回系数等关键因素，精准开展线损理论计算，优化建改方案。深化应用HPLC宽带电能表高频数据采集、台户自动判断、相位拓扑识别等智能分析，打造智慧线损管理模块，同时作为全省首批试点区域，以配电网全景智慧管控平台为基础，利用生产实施管控系统与配电网工程精益化系统为实时数据支撑，将现场杆线路径、现场进度等信息全量录入，通过系统的成图与数据分析功能实现现场设备的运行状况实时监测、工程进度可视化、工程竣工与设计内容对比等全过程管理提升。

3. 推广部署情况

在示范区建设过程中，为后续项目提供可复制、可推广的标准模板；在流程上，为宁国供电公司形成一套标准建设流程与各阶段人员责任分工。

1）项目经济效益

通过提升区域电网装备水平，强化线损精益化管理，每年可减少电量损失约14.14万千瓦时，节约电费约8.16万元。通过充电站建设，预计每年可增加售电量4万千瓦时，增加电费收益2万余元。

基于智慧台区管理中的充电桩有序用电功能，实现景区电动汽车有序充电，在既有配电容量下增加充电桩的数量，满足景区电动汽车充电需求，有利于景区环境的治理和改善，更可增加当地旅游收入，直接助力当地乡村经济的发展。据不完全统计，截至2022年末，随着充电桩的投运，"皖南川藏线"自驾数量增加2000车次以上，增加游客超过5000人次，直接增加当地旅游经济收入超500万元。

通过配电网线路柱上开关、配电网线路的定值优化管理，实现10kV配电网线路的合理分段，充分发挥了保护功能的作用，大大缩小故障停电范围，缩短用户停电时间，提高了线路前段龙阁村示范区的供电可靠性。10kV线路联络率、绝缘化率、配电网自动化覆盖率均达到100%，供电可靠率由原来的99.84%提升至99.91%，综合电压合格率由原来的99.34%提升至99.92%，10kV分线线损由原来的3.29%下降至1.8%，台区综合线损由原来的3.48%下降至2.16%，户均容量达到7.65kVA。

2）项目社会效益

"低碳用能"：以一户农家乐为例，月均消耗液化气约500千克，转化为碳排放量约1550千克，实现电能替代后，减少碳排放量约760千克。以一户普通居民为例，传统用电习惯下月均用电约150千瓦时，约产生118千克碳排放量，通过智慧台区管理用能分析功能，指导用户改善用电时段和合理使用家用电器，每月可降低15%用电量，约减少18千克碳排放量。经测算，通过全面的用能数据采集和分析，精准施策，港口湾台区（包含农家乐28户、普通居民45户）年均减少碳排放量达26.5万千克。

"低碳出行"：以宁国市储家滩精品台区为例，皖南川藏线全长约120千米，2020年端午小长假期间景区共计接纳自驾游车辆1万余辆，以一辆汽车8升/百公里油耗，每升汽油产生2.3千克碳排放量计算，在皖南川藏线游玩约产生44千克碳排放量，总计产生44万千克碳排放量；通过精品台区建设满足景区电动汽车充电需求后，以电动汽车出行率增加约20%来计算，游玩约需消耗33千瓦时电能，产生26千克碳排放量，小长假期间就可减少碳排放量约3.6万千克。

5.4 低压柔性直流互联技术应用案例

建立全国首个基于台区智能融合终端控制的低压柔直互联系统。

1.背景描述

在"双碳"背景下，低压分布式光伏、电动汽车等大量接入配电网，在丰富配电网组成的同时也给配电网带来巨大挑战。为主动适应新能源发展形势，着力打造可靠性高、互动友好、经济高效的一流现代化配电网，济南供电公司在台区智能融合终端大量覆盖的基础上，积极试点开展低压柔直互联系统研究工作。该系统采用"云管边端"的物联网架构，充分发挥台区智能融合终端的边缘计算功能，应用低压柔直互联技术，在八涧堡南、北两个箱变之间进行柔性互联。整个系统主要由两个AC/DC逆变器、一个直流开关柜和三个直流设备（光伏、储能电池和充电桩）组成。

2. 技术内容

低压柔直互联系统由两个柔直柜、一个直流开关柜和三个直流设备（光伏、储能电池、充电桩）等组成，直流母线电压为700V。融合终端通过串口实现与各个设备的通信。通过融合终端对各单元进行控制，实现两个箱变之间的互联互济。

当八涧堡北负荷较大时，直流系统光伏及储能电池（含V2G充电桩）可以通过融合终端控制，将电能经变流器输入直流系统，实现削峰功能；当八涧堡北负荷较小时，通过融合终端控制可以将交流系统电能输入储能电池，实现填谷功能。

当八涧堡南、北两台箱变均轻载运行时，融合终端通过控制低压出线总开关，实现一台箱变接带两台箱变负荷，提高箱变经济运行效率。当八涧堡南箱变出现重过载时，可将八涧堡北箱变交直流系统富裕电能接带八涧堡南部分负荷，实现台区容量互济，提高配电网容量弹性。

当八涧堡南箱变故障时，融合终端控制低压总开关分闸，413开关合闸，将八涧堡南负荷转由北箱变接带。同样，八涧堡南箱变也可临时接带八涧堡北箱变负荷。通过低压互联，为东区集控站提供双电源保障。

融合终端与V2G充电桩互联，可以根据台区负荷情况，在台区负荷允许或光伏大发情况下，为充电桩提供全额电力供应。

当10kV线路故障导致两个箱变均停电时，融合终端控制交直流光伏、V2G充电桩、储能等形成交直流混合微电网为园区提供电力供应，是典型配电能源互联网形态。台区线路示意图如图5-40所示。

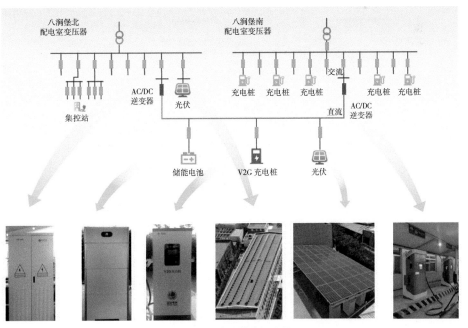

图5-40 台区线路示意图

台区智能融合终端在该互联系统中充当"大脑"和"管家"的职能，一方面可以实现对单个设备的监测和控制，包括监测系统所有设备实时运行数据、遥控低压智能开关分合、控制光伏输出功率、储能电池充放电功率和V2G充电桩充放电功率等；另一方面可以实现对整个互联系统的集中策略控制，达成五方面的功能，包括峰谷调电、互济供电、秒级复电、有序充电和核心保电，实现了源网荷储的友好互动，大大提高了供电可靠性。

3. 推广部署情况

为支撑高比例分布式新能源的高效消纳和大规模多元负荷的灵活接入，从服务于以新能源为主体的新型配电系统建设为出发点，结合山东资源禀赋条件，探索以交直流混合配电网为骨干的区域能源互联网发展模式，从系统规划设计、核心装备国产化、中低压交直流灵活组网与互联互通、源网荷储一体化控制等方面进行突破，为能源电力行业实现"双碳"目标贡献"山东方案"。

当前，在碳达峰、碳中和背景下，低压分布式光伏、电动汽车等大量接入配电网，在丰富配电网组成的同时也给配电网带来巨大挑战。为主动适应新能源发展形势，着力打造可靠性高、互动友好、经济高效的一流现代化配电网，2021年以来，济南供电公司在台区智能融合终端大量覆盖的基础上，积极试点开展低压柔直互联系统研究工作，新能科技公司作为国内配电物联网领域的代表性企业，积极参与该项目建设。

八涧堡低压柔直互联系统汇集了交直流光伏、储能、V2G充电桩等交直流元素，充分发挥了台区智能融合终端的作用，为配电能源互联网建设提供了全新范本。

第6章
智能配电技术未来发展

▌6.1　智能配电网的建设发展

　　与西方发达国家相比，我国智能电网研究起步较晚，技术应用和经验都比较欠缺。经过多年的研究和发展，我国的智能电网，尤其是智能配电网领域的研究工作取得了突破性的进展。

　　在配电物联网建设方面，截至2023年1月末，国家电网有限公司台区智能融合终端累计计划安装160万余台，已安装110万余台。

　　在配电自动化建设及应用方面，国家电网有限公司已基本完成配电自动化主站全面覆盖，80%以上单位已完成新一代配电自动化主站建设改造。累计建设配电自动化线路31万余条，馈线自动化线路12万余条，配电自动化线路及馈线自动化线路覆盖率分别达95%和32%以上。

　　在一二次融合标准化配电设备的应用上，截至2023年1月末，一二次融合标准化环网箱及柱上断路器已完成8万余台（套）招标工作，应用率达70%以上。

　　在分布式光伏及电动汽车充电桩接入方面，截至2023年1月末，国家电网公司已累计接入分布式光伏总容量1.5亿千伏安，并网总用户约360万户；接入电动汽车充电桩总功率4300万千伏安，接入电动汽车充电桩的公变台区约49万台。

　　为了进一步提高智能配电网的运行效果、改善运行环境，未来智能配电网领域需要在现有技术基础上，重点在信息采集技术、基础监控技术、自愈控制技术等方面进行研究。信息采集技术可以快速、准确地采集电网运行所需的数据信息，是电网稳定运行的基础；基础监控技术可以实现智能配电网全程、实时的状态监测，及时发现运行故障问题，做出及时反应；自愈控制技术提高了智能配电网的运行安全性和可靠性，电网可自行解决一些基础性的故障问题，有助于提升运行效率，减少运行维护成本。

　　在网架结构上，针对我国现阶段智能配电网建设的现状，未来需要进一步对现有配电网网架进行改造，本着优化电网结构、合理布局的改造原则，合理利用现有电力设备，提高输变电设备的利用率；提高电网的供电能力和可靠性；采用差异化规划方案，提高电网的经济性；加强智能配电网技术革新和研发，降低配电网的运行风险。

在配电终端标准化方面，智能配电网在未来的发展过程中，要逐步实现通信规约标准化、通信模块标准化及终端运维标准化，同时，对于智能配电网的运行维护、设备检修、报错等工作流程也要进行标准化，进而提高智能配电网的整体运行效率。

6.2　智能配电应用技术发展

随着我国经济的发展，人们生活水平也在持续提高，对电力的需求量也在不断增加。有效结合配电网技术和科学技术，进而研发出智能配电网技术，一方面能够为用户提供优质能源；另一方面能够保证电力系统的稳定运行。智能配电网技术目前处于发展中，仍旧存在进步空间。智能配电网发展的重要特征包括互动性、清洁性、高效率、经济性、可靠性与安全性。以这些特征为出发点，为了进一步提高智能配电网的运行效果、改善运行环境，需要在现有技术基础上，朝着配电自动化技术、配电终端标准化、配电通信技术及直流配电技术方向发展。

此外，应注重推广和应用智能配电网。在我国电力发展过程中智能配电网至关重要，能促进电力改革、优化民生。国家电网有限公司和中国南方电网有限公司近日相继公布了2023年投资计划。其中，2023年国家电网有限公司在电网领域投资破5000亿元，达到5200亿元。中国南方电网有限公司"十四五"期间投资规模初步统计将超6700亿元。

从投资领域分析，2023年国家电网有限公司的投资方向主要涉及输电端的升级改造、智能电网建设和长时储能三大领域。在智能电网方向建设投资占比将超过30%，未来五年智能电网的市场规模预计可达到3600亿元，主要建设目标包括分布式能源消纳、智能配电网建设及数字化转型业务等。

6.2.1　配电自动化技术深化应用

随着城市和农村电网改造力度的加强，人们对供电可靠性和供电安全性的要求不断提高，各供电企业需加强重视，并明确配电自动化的发展路径和方向，以此推动电力系统的健康、稳定发展。当前已经取得一系列成就，已经建成全网配电自动化系统，配电自动化系统中的一些重要设备从依赖进口逐渐向使用国产设备转变，配电自动化技术由原来的单一配电监控、数据采集功能逐渐向全面化的配电自动化技术转变，配电网通信系统在类型方面逐渐多样化，但是当前仍然存在一系列问题。例如，对配电自动化技术的重视力度不足、关键技术还有待提升、控制端和主站功能不匹配等问题需要逐步解决。

在发展方面，FA智能分布技术将继续深化发展，随着电力技术的发展成熟，我国电力企业也加强了电网和配电系统改革力度，出台了新的改革方案。这些方案的重点是增加配电系统各流程、操作环节的开放性，一些分散站点的配电装置被频繁使用。在此过程中，可以采用FA智能分布技术协调、重组智能设备和区域设备。FA智能分布技术是多元智能系统的重要组成部分，人们可以在该系统下研究配电网自动化主站建设过程中的服务器设置问题，可以根据配电网的运行方式和网络拓扑结构明确不同智能设备之间的通信规范和要求。

为了合理应用配电自动化技术，发挥其实用性特点，需要积极优化电网结构和运行方法，以此降低线路损耗、保证供电质量和效率、控制停电范围和停电时间、确保供电安全可靠，从而实现经济效益目标。在配电网系统中，需要不断优化配电网运行决策支持系统，提高供电经济性、可靠性和稳定性；需要加强对运行决策支持系统模型的研究，对配电网在线设备和离线设备的参数信息进行计算、处理，通过模型分析系统的运行情况，以此合理控制输入和输出关系，从而为配电网的安全、稳定运行营造良好的环境。

同时，应采取有效的措施和方法，提高配电终端覆盖率，将智能化配电一次设备与二次设备有机融合起来，积极配合信息融合与大数据处理分析技术，对分布式电源接入、控制和消纳给予大力支持和帮助，以更好地管理配电网节能与能效，满足当前新型电力系统的建设发展需求。

6.2.2　配电终端标准化实施

智能配电终端是一种集各种保护、信息参数测量与采集、智能控制和通信等多功能一体化要求的在配电自动化管理系统中处于底层的设备，可完成电网运行状态数据的采集、故障检测、故障定位与诊断、故障区域隔离及非故障区域恢复供电、与高级配电自动化系统进行信息交互等，同时应当具有可靠性高、实时性高、多种通信方式兼容性高、可扩展、模块单元化等特点。根据安装位置和作用不同可分为馈线终端（FTU）、站所终端（DTU）和台区融合终端（TTU）等。

在FTU、DTU的标准化实施方面，依据现行标准要求，规定了面向FTU、DTU的总体要求、技术要求、性能要求、结构要求、技术指标和性能指标等，针对终端应用规定了装置与主站协议、馈线自动化等具体功能实现、检测，以及招标等规范。

在台区融合终端的标准化实施方面，现行国际标准主要面向电信运营商边缘计算、企业与物联网边缘计算和工业边缘计算领域，从边缘计算架构、通信协议和移动边缘计算三个方面定义国外标准系列。其中，架构规范中介绍了边缘计算的相关术语、实现的关键技术、边缘计算如何应对目前面临的挑战，以及通信协议规范和移动边缘计算规范；现行国家标准主要面向全域物联网，从体系结构、接口要求、信息安全及信息交换和共享四个方面定义了系列标准，适用于各应用领域物联网系统，为物联网系统设计提供参考。在行业、团体和企业级标准及相关产业报告方面，主要面向配电物联网及边缘计算领域，从行业的采集协议、接口规范、设备技术规范及边缘计算方面定义了系列标准和白皮书。

当前我国配电网建设规模在不断扩大，分布式能源、微电网、储能装置等将会大量接入未来的配电网系统中，未来电力系统对接入设备的稳定性、安全性和可靠性将会有更高的要求。配电终端设备作为配电网自动化系统中的底层终端设备，在配电网系统管理中针对管理部门和用户起到了信息桥梁作用，配电终端智能化在一定程度上决定了未来配电网的自动化水平，促进了通信模块、终端运维模块和通信规约模块的标准化及规范化，同时全面规范了智能配电网工作流程，如检修设备、运行维护和设备报错等，从整体上提高了智能电网的运行成效。

6.2.3　智能配电通信技术的发展

柔性负荷、虚拟电厂、V2G充电桩、储能装置等新兴电力业务规模的部署及分布式电源电力电子设备的广泛应用，将使得配电网潮流及网架拓扑从传统的固定模式向随源荷互动的变化模式转变，给配电网稳定运行、控制调度带来冲击。短时功率预测、负荷预测、潮流分析等需要全方面获取配电网的运行状态，并将配电自动化、用电信息采集、分布式电源调控、负荷控制、电动汽车充换电设施及新型储能监控等业务有机连接起来，这需要强大、智慧的配电通信网来进行支撑。

配电通信网主要包括远程通信和本地通信。其中，远程通信将配电自动化终端、光伏逆变器等末端业务终端或集中器、融合终端、边缘物联代理等边缘汇聚终端直接接入骨干通信网，实现数据向平台的传输；本地通信则是实现末端业务终端与边缘汇聚终端之间的通信连接，主要包括台区本地通信、站所本地通信、线路本地通信等，实现数据在区域范围内的汇聚。具体来说，在满足业务传输需求、符合安全防护规范、考虑建设经济性等前提下，可采用光纤专网、电力无线专网、4G/5G无线虚拟专网、电力线载波、短距离无线通信、卫星通信等技术体制实现远程通信，以及采用WAPI、HPLC、微功率无线、有线（串口或以太网）等技术体制实现本地通信，构建涵盖空基、天基、地基及管控系统的立体、多层、异构的一体化宽窄带融合通信网络，赋能配电网用户、业务、系统及应用。

随着新型电力系统及有源配电网的建设，配电通信网在遵循"有线与无线结合、专网与公网结合"技术路线的基础上，将具备开放性框架和统一技术标准，有效兼顾生产运行、经营管理、综合服务等业务。开放性框架体现在对新业务、新技术、新设备更强的接纳能力上，随着配电网建设及新业务应用，能够在已有的通信网架上同步进行灵活、便捷和安全的扩展；统一技术标准能使设备和用户之间、应用系统与应用系统之间实现无缝通信连接，实现互联互通和系统兼容。开放性框架和统一技术标准的通信网络，可以实现配电网电力流、信息流和业务流的一体化。

6.2.4　直流配电技术的发展

与高压直流输电技术的发展应用类似，直流配电技术的应用研究尚处于初级阶段，故以交直流混合为基础，即基于交流配电系统发展直流配电，保证交流网架结构的不变，利用直流配电的技术优势对交流系统进行扩展和优化。

虽然直流配电技术的研究尚在起步，但发展迅速，在电压等级、拓扑结构和关键设备等方面已经发布了相关标准或规范，形成了成熟产品。作为一项新兴技术，直流配电还有许多方面需要进一步研究，需要重点关注的方向有交直流电源、负载的协调控制和管理，电力电子设备的开发、控制，以及直流配电的保护方案等。

协调控制和管理的好坏直接影响整套直流配电系统的运行情况，最直接的表现就是交直流电压的控制效果。由于直流配电系统中存在多种类型的电力电子设备，如何开发出有效、可靠和经济的直流配电电力电子设备是现阶段在硬件层面的首要问题，同时制定各设备的控制策略、控制方法也是需要研究的课题。不同的直流配电拓扑结构有不同的应用侧重点，也需要不同的保护配置方案，因此，保护配置方案也是研究的重点。

直流配电系统的概念于2006年在欧盟颁布的2006/95/EC标准中提出；2011年国际电工会议指出直流配电技术适合未来配电网的发展；2013年国际大电网委员会技术会议指出直流微电网契合未来智能电网的发展。近年来，随着分布式新能源发电、分布式储能和直流负荷的大量接入，以及电力电子技术的快速发展，直流配用电的诸多优势开始不断显现，交直流混合配电系统是可再生能源高效利用的重要发展趋势，也是配电网层面实现"碳达峰、碳中和"和"构建以新能源为主体的新型电力系统"战略目标的重要一环。

当前直流配电技术主要包括直流配电系统和直流配电设备两个方面。

（1）直流配电系统。国外对直流配电系统的研究多集中在低压直流配电上，欧洲在器件换相直流控制稳态故障状态下的控制策略，直流控制PI参数优化，海上风电多端直流并网可行性、优越性，以及多端直流控制策略等方面都有比较深入的研究，并且有一定的工程经验。我国对直流配电系统也有一些初步研究，但缺少针对直流电网在实践中的应用场景、交互影响、关键技术问题等方面的考虑。

（2）直流配电设备。直流配电设备主要包括直流断路器、直流变压器等。与交流系统相比，直流系统电流无过零点，且故障电流上升速度极快，因而急需可靠的直流断路器来解决直流故障问题。

直流配电网对直流断路器提出以下要求：直流断路器必须能够快速清除故障；能够迅速消耗直流线路中存储的能量；在切断直流电流时，能够承受较高的过电压和过电流；具有较强的开断能力，能够切断较高的电流；具有重复开断能力；成本低、使用寿命长、维修成本低、可靠性高。

直流变压器也称为电力电子变压器（Power Electronic Transformer，PET），一般是指通过电力电子技术及高频变压器（比工频变压器的工作频率更高）实现的具有但不限于传统工频交流变压器功能的新型电力电子设备。电力电子变压器一般至少包括传统交流变压器的电压等级变换和电气隔离功能，此外，还包括交流侧无功功率补偿及谐波治理、可再生能源/储能设备直流接入、端口间的故障隔离功能，以及与其他智能设备的通信功能等。PET一般可应用于智能电网、可再生能源接入或电力机车牵引变流系统等需要对电能形式进行变换并要求电气隔离的场合。根据应用场景的不同，PET高、低压端口的电能形式及隔离方式一般也不相同，通常需要采用定制化的电路拓扑，很难实现统一标准化设计。根据从输入到输出所经过的电能变换环节的数量，可以将现有拓扑分为三级型、四级-Ⅰ型、四级-Ⅱ型和五级型四种基本类型。

近年来，随着分布式新能源发电、分布式储能和直流负荷的大量接入，以及电力电子技术的快速发展，直流配用电的诸多优势开始不断显现，交直流混合配电系统是可再生能源高效利用的重要发展趋势，也是配电网层面实现"碳达峰、碳中和"和"构建以新能源为主体的新型电力系统"战略目标的重要一环。当前，直流配电技术领域在电压等级、拓扑结构、关键设备等方面已经发布了相关标准或规范，形成了可工程应用的成熟产品。作为一项新兴技术，直流配电技术还有许多方面需要进一步研究，需要重点关注的方向有交直流电源、负载的协调控制和管理，电力电子设备的开发、控制，直流配电的保护方案等。在新形势、新理念、新思维、新技术和新市场环境下，直流配电技术将朝着安全可靠、经济高效、清洁环保、开放互动的目标发展。

6.3 智能配电绿色低碳设备发展

国务院印发的《2030年前碳达峰行动方案》指出，要加快传统产业绿色低碳改造，提高可再生能源应用比重，大力推行绿色设计，为支撑"双碳"目标加快实现，电网环节需加速"减碳"，电力装备亟待低碳绿色转型。

以高端智能绿色发展为方向，以绿色低碳科技创新为驱动，我国电力装备不断开展绿色发展探索实践与科技攻关，加快产品形态、研发手段、生产方式与服务模式的创新变革。天然酯绝缘油、天然酯绝缘油变压器及环保气体开关柜等产品的研发与应用，进一步推动了我国智能配电绿色低碳设备向清洁低碳、节能环保的方向有序发展。

6.3.1 天然酯绝缘油和天然酯绝缘油变压器

变压器是电网中最重要的电力设备，应全力加快推进其低碳绿色发展进程。当前电力装备广泛应用的矿物绝缘油是不可再生资源，难以生物降解，废油处置破坏生态，也有易燃易爆等隐患。因此，应用基于可再生环保绝缘材料的配电电力设备以提高电网绿色环保水平是未来配电网发展的趋势。

天然酯绝缘油作为环保型绝缘油，是高燃点、环保型、可再生液体绝缘介质，具有优异的电气性能、环保性能、防火安全性和生物性能，已被国内外广泛应用于油浸式变压器中，大幅度提高了油浸式变压器的环保水平和防火安全性，并且可延缓变压器中油纸绝缘寿命，提高变压器负载能力，以及变压器的运行安全性。

当前全球已经有超过250万台天然酯绝缘油变压器，其中，50000多台35kV 10MV·A以上；天然酯挂网运行的最高电压等级为420kV（德国西门子公司制造的420kV变压器已经于2013年在网运行）；世界上最高电压等级的天然酯绝缘油变压器为750kV变压器（由中国正泰电气公司研发，已通过了全部型式试验）。

目前我国已应用数千台天然酯绝缘油电力变压器，有效减少石油使用量数万吨，中国电网每年新增变压器数万台，随着天然酯绝缘油变压器技术的发展和推广应用，可进一步降低石油使用量，推动我国公司低碳环保变电站技术发展与应用，将我国"碳达峰、碳中和"行动方案落到实处。

天然酯绝缘油配电变压器比传统矿物绝缘油配电变压器更加节能环保。天然酯绝缘油来源于各种植物，不存在资源枯竭问题，可有效降低变压器对石油产品的依赖，在一定程度上缓解了国家对石油资源过分依赖的危机。当天然酯绝缘油配电变压器发生渗漏油时，其绝缘油可自行降解，不会对土地、水源等造成污染。

天然酯绝缘油配电变压器拥有更好的性能。天然酯从变压器的绝缘纸中吸取水分并"消耗"液体中的游离水，不会产生腐蚀性油泥，延长了绝缘纸的使用寿命，避免了因潮湿引起的绝缘故障，并在较冷的环境中保持电气强度；天然酯可以在比使用矿物油时"热"20℃的条件下运行变压器，将负载能力提高约20%，这使电网能够轻松、可靠地响应波动的负载需求，而不会加速资产老化。

天然酯绝缘油配电变压器拥有卓越的防火安全性能。天然酯的闪点和燃点是矿物油的两倍以上。在25年多的时间里，填充天然酯的变压器发生池火的报告为零。天然酯填充变压器也可以安装高度简化的安全壳，并且可以消除对昂贵灭火系统的需求。

基于天然酯绝缘油配电变压器具有良好的防火和环保特点，推荐在环保要求较高的自然保护区域，在人口密集区域、防火防爆要求高的场所，以及在农网或周期性负荷较多的地区采用天然酯绝缘油配电变压器。

6.3.2　环保气体开关柜

环保气体开关柜是坚强电网中不可或缺的产品，其大量应用于电网配电系统中，直接关系到电网的可靠运行，解决了常规气体绝缘开关柜事故频发、占地面积大、抗环境干扰能力差等问题。

目前，环保气体开关柜已于2019年被国家电网公司纳入配电网工程典型设计及配电网建设改造标准物料目录，并制定了采购技术规范书，组织示范应用；南方电网公司新技术目录（2021年版）也将该技术纳入其中。

国内开关设备企业从2004年开始研制环保气体开关设备，经过十几年的努力，已有数十家企业研制的产品通过型式试验和挂网运行，目前主要用于中压领域，如12～72.5kV干燥空气绝缘开关柜、12kV和40.5kV氮气绝缘开关柜。环保气体开关柜将主回路安装在充满环保气体的气箱内，并通过真空灭弧室进行灭弧，使设备体积小，环境适应性强；由于没有SF_6气体，取消了SF_6气体的检漏设备和回收装置，简化了检测项目，无须对有毒分解物进行检测，具备安全可靠、免维护、规模化生产后成本较低的优势。

根据国家电网公司的电力投资规划，未来投资的重点是骨干电网及城市电网改造项目。电网建设需要向超高压、大容量、紧凑型、无污染、高可靠、智能化、组合化方向发展。环保气体开关柜凭借其成套性、可靠性、小型化等优点,将成为开关行业的主流产品。其研制难点主要体现在绝缘优化、温升控制和密封与检漏三个方面。

开关设备的标准化将成为未来发展的方向之一,国家电网公司目前已将环保气体开关柜纳入配电设备标准化体系,完成了标准化设计,南方电网公司也在标准化方面进行了调研。

智能化一直也是开关设备的发展方向之一,目前国家电网公司的一二次融合技术、南方电网公司的自动化成套技术产品均有多年的运行经验,随着电子式互感器技术的不断成熟,开关设备的智能化水平将逐步提高。未来,环保开关设备将朝着一二次深度融合、智能自动化等方面发展,全面实现故障快速定位及处理、远程控制及无人化巡检等。

随着国家电网公司、南方电网公司试点项目的展开,以及环保气体开关柜技术成熟度及运行经验的逐渐增加,用环保气体开关柜代替SF_6气体柜将是大势所趋。